Cinema 4D 2023
实训教程

2023

任媛媛 林宏 编著

人民邮电出版社

北京

图书在版编目（CIP）数据

Cinema 4D 2023实训教程 / 任嫒嫒，林宏编著. --
北京 ：人民邮电出版社，2023.11
ISBN 978-7-115-62972-2

Ⅰ. ①C… Ⅱ. ①任… ②林… Ⅲ. ①三维动画软件—
教材 Ⅳ. ①TP391.414

中国国家版本馆CIP数据核字(2023)第184876号

内 容 提 要

这是一本通过讲解Cinema 4D 2023带领读者快速走进3D相关行业的图书。本书将详细剖析Cinema
4D在主流行业中的应用，引导新手找到适合自己的行业领域，并全面了解和掌握该软件。

本书的宗旨是"实际工作用什么，就重点讲什么"，抛开一切复杂却在工作中用不上的功能，讲
解核心技术、方法和思路。

本书主要包含行业概述、Cinema 4D基础、建模、构图、灯光、材质、毛发、粒子、动画、渲染，
以及主流行业的项目实训和行业应用注意事项等内容。全书所有内容均包含在线教学视频。

本书非常适合作为院校艺术类专业和培训机构的教材，也可以作为Cinema 4D自学人员的参考书。
另外，本书所有内容均基于中文版Cinema 4D 2023进行编写，请读者注意。

◆ 编　著　任嫒嫒　林　宏
　　责任编辑　张丹丹
　　责任印制　马振武

◆ 人民邮电出版社出版发行　　北京市丰台区成寿寺路 11 号
　　邮编　100164　　电子邮件　315@ptpress.com.cn
　　网址　https://www.ptpress.com.cn
　　廊坊市印艺阁数字科技有限公司印刷

◆ 开本：775×1092　1/16
　　印张：13　　　　　　　　　2023 年 11 月第 1 版
　　字数：415 千字　　　　　　2025 年 1 月河北第 5 次印刷

定价：89.90 元

读者服务热线：(010)81055410　印装质量热线：(010)81055316
反盗版热线：(010)81055315
广告经营许可证：京东市监广登字 20170147 号

案例实训：制作低多边形小景　　　第56 页

案例实训：制作卡通便利店　　　第70 页

案例实训：添加摄像机并构图　　　第82 页

案例实训：制作室内灯光　　　第100 页

拓展实训：制作产品海报灯光 第102 页

案例实训：制作塑料材质　　第119 页

案例实训：制作水和冰材质　　第125 页

案例实训：制作木纹材质　　　第127 页

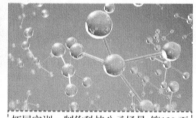
拓展实训：制作科技分子场景 第130 页

拓展实训：制作温馨休闲室场景 第130 页

案例实训：制作毛绒场景　　　第137 页

案例实训：制作飞舞的粒子　　第140 页

案例实训：制作坠落的纱帘　　第161 页

拓展实训：制作刚体碰撞效果　　　　　　　　　　　　　第163页

案例实训：制作游乐园主题动画　　　　　　　　　　　第171页

拓展实训：制作齿轮转动动画　　　　　　　　　　　　第176页

案例实训：渲染夏日主题效果图　　　第189页

拓展实训：渲染科技芯片场景　　　第193页

拓展实训：渲染电商Banner展示图　　第194页

护肤品展示页面　　　　　　　　　第200页

前言

Cinema 4D是一款广泛应用于平面设计、影视制作、游戏美术、动画设计等领域的3D建模、动画制作软件。该软件具有强大的功能和易于使用的界面，可以帮助用户快速地创建高质量的3D模型、动画和特效。

本书是针对Cinema 4D的初学者编写的。通过本书，读者可以系统地学习Cinema 4D的基础操作、建模、构图、灯光、材质、毛发、粒子、动画和渲染等重要技术板块，掌握该软件的核心知识和技能。

本书会介绍每个技术板块在相关行业中的应用，帮助读者筛选学习的重点内容，让读者结合"案例实训"学习工具与命令的用法与注意事项。同时，本书还提供大量的操作技巧，帮助读者更好地掌握Cinema 4D的使用方法。"技术汇总与解析"会总结每章的重点知识以及实际应用情况。"拓展实训"用于帮助读者巩固每章所学的知识点。

本书介绍实用的工作技巧、经验、思路、方法和流程。这将有助于提高读者在职场中的竞争力和创新能力，使读者在未来的工作中更加得心应手地使用Cinema 4D。

本书知识结构与内容安排如下。

学前导读：让读者了解学习Cinema 4D后能进入哪些主流行业，明白哪些行业适合自己。

第1章：介绍Cinema 4D的基础操作及常用工具。

第2章：介绍建模技法，以及日常工作中常见类型模型的创建方法。

第3章：介绍摄像机与构图方法。

第4章：介绍灯光技术与布光方法。

第5章：介绍材质与纹理技术。

第6章：介绍毛发与粒子技术。

第7章：介绍动力学技术。

第8章：介绍动画技术。

第9章：介绍主流渲染器及渲染技术。

第10章：进行各主流行业的项目实训。

本书第1～4章由任媛媛编写，第5～10章由林宏编写。希望读者通过学习本书，不仅能掌握Cinema 4D的基础知识和技能，还能对该软件的应用有更加深入的了解和掌握，并得到学习和工作上的帮助和启示。

编者

2023年7月

学前导读

比起其他传统三维软件，Cinema 4D的操作更加简单且人性化，学起来比较容易，好上手。那么，学习这款软件后在日常工作中怎么应用？该去哪些行业就业？相信有不少读者有这些疑惑。本导读就为读者解析Cinema 4D的主流行业应用。

Cinema 4D主流行业应用全面分析

作为三维软件，Cinema 4D理论上适配所有需要使用三维软件的行业，但是在实际工作中，由于工作习惯和行业的特性，某些行业还是会选择特定的三维软件。读者可以简单了解Cinema 4D适用的行业。

能应用Cinema 4D的主流行业有哪些

Cinema 4D是一款广泛应用于平面设计、影视制作、游戏美术、动画设计等行业的3D建模、动画制作软件。

在平面设计行业中，Cinema 4D可以用于平面设计中一些三维元素的制作。例如，制作电商海报时，平面设计人员可以在Cinema 4D中制作一些立体字或立体场景，再回到平面软件中合成。

在影视制作行业中，Cinema 4D可以用于电影、电视节目、广告、音乐视频等的制作。例如，电影特效制作人员可以使用该软件创建高度逼真的特效，影视制作人可以使用该软件制作电视节目或广告。

在游戏美术行业中，Cinema 4D被广泛应用于游戏角色设计和游戏场景设计等方面。例如，游戏角色设计师可以使用该软件创建高度逼真的角色模型，游戏场景设计师可以使用该软件创建高度逼真的游戏场景。

在动画设计行业中，Cinema 4D被广泛应用于动画制作、特效制作等方面。例如，动画设计师可以使用该软件创建高度逼真的动画模型，特效制作人员可以使用该软件制作各种酷炫的特效。

总之，Cinema 4D在平面设计、影视制作、游戏美术、动画设计等行业中具有广泛的应用前景，可以帮助用户快速地创建高质量的3D模型、动画和特效，提高工作效率和创作质量。

如何选择适合自己的行业发展方向

读者如果已经有心仪的行业方向，就按照自己的想法从事该行业的工作。如果还没有想好从业方向，可以参考以下几个方面。

第1点： 找到自己擅长的方向。Cinema 4D在大方向上有建模、渲染和动画3部分，根据学习时的掌握程度和擅长的方向选择将来从业的方向。例如，建模掌握得很好，就可以往游戏美术方向或电商设计方向就业。

第2点： 找到兴趣点。学习三维软件是一个很枯燥的过程，如果对这方面有兴趣，学习过程会较为轻松；如果没有兴趣，只是单纯为了工作而学习，建议读者找到自己擅长的部分进行拓展，没必要全部掌握。

第3点： 考虑行业大环境。虽然三维类的工作Cinema 4D都可以处理，但是在人们平时的工作中还是有一些特定的习惯。例如，对于室内设计、建筑园林设计，Cinema 4D就不是首选的软件，而需要换成3ds Max。并不是说Cinema 4D不能做出媲美3ds Max的效果图，而是在这个行业中使用3ds Max已经很多年，所积累的素材资源和插件也非常多，用起来可以省去很多时间。而且一些工作室要求不同工种的协同工作，使用Cinema 4D可能会影响整体的进度和流畅度。

建议读者多了解想从事的行业的实际情况，同时对自己的喜好也进行充分了解，在这个基础上再选择适合自己的行业，避免走一些弯路。

平面设计方向

Cinema 4D之所以能被广泛应用，离不开平面设计，尤其是电商设计的大量应用。

Cinema 4D的学习重点

Cinema 4D建模比起其他三维软件要简单一些，也比较好上手，特别适合没有三维软件基础的新手学习。由于该软件能形成逼真的光影效果，因此在平面设计中可解决复杂的光影问题，合成时会更加简单且高效。

在电商设计行业，运用Cinema 4D制作产品头图、店铺Banner和详情页展示图等极大地提高了画面的美观性，且消耗的时间也更少。电商设计人员在应聘时，会使用Cinema 4D就是一个优势。如果想从事这个方向的工作，在软件方面要学习建模、灯光、材质和渲染部分，当然，平面设计基础和思维也不可或缺。

给新手的一些建议

如果读者想从事这方面的工作，重中之重还是掌握好Photoshop和Illustrator等平面软件的操作，拥有平面设计的理论知识和思维。Cinema 4D只是一个配套软件，用于制作平面设计需要用到的素材。

影视制作方向

Cinema 4D在产品广告领域运用很多，例如，手机广告、汽车广告等就可以完全应用该软件实现。

Cinema 4D的学习重点

在影视制作方向，建模和动画是重点。建模包括产品的整体和细节建模，运用动画可以制作镜头变化、产品拆分后的细节展示等动画效果。一些特殊的镜头效果，则可以在After Effects中添加。After Effects是专业的影视特效后期软件，拥有庞大的插件库，可以生成复杂的视频特效。读者若想从事这个行业的工作，除了需要掌握Cinema 4D外，也需要有一定的After Effects基础。

给新手的一些建议

影视制作方向相对较难，对最终效果的要求也会很高。优秀的从业者可能需要花费一两个月甚至更长的时间才能完成一个成熟的作品。读者若想从事这方面的工作，就需要下苦功夫去钻研建模和动画方面的技术。最好能熟练掌握After Effects，即便在工作中不参与这部分的制作也要做到熟悉，这样在协同工作时才能减小返工的概率。

游戏美术方向

游戏美术对Cinema 4D的使用就相对简单一些，一般只会用到建模功能。

Cinema 4D的学习重点

读者如果想从事游戏美术方向的工作，学习Cinema 4D时只需要掌握建模部分。游戏建模分为两个方向：简单一些的场景建模和复杂一些的角色建模。

场景建模就是创建游戏中的地形和建筑等模型，角色建模则是创建角色本身以及角色的武器和道具等模型，而这些模型都需要根据原画师的立绘进行还原。除了建模以外，还需要制作模型的贴图，角色的贴图就需要展UV在平面软件内绘制，这部分难度较高，需要读者去钻研。至于建好的模型在游戏内怎么互动，是别的岗位需要完成的工作。

给新手的一些建议

游戏美术相对来说没有影视制作那么难，只要学好建模，会展UV上贴图一般就能达到要求。如果想拓展领域，还可以学习游戏原画或者角色绑定。这两部分是游戏建模的上下游工种，适当拓展学习能更好地完成工作。

动画设计方向

动画设计方向的细分种类比较多，有些动画完全可以在Cinema 4D中完成，有些动画则需要配合After Effects等软件完成。

Cinema 4D的学习重点

动画制作是Cinema 4D的一个重要知识点，在软件中可以利用粒子、动力学和关键帧制作出各种各样的动画效果。在应用方面可以分为动画制作、MG动画、栏目包装和模拟动画等。

动画（也就是常说的动画片）制作需要建模、打光、添加材质、骨骼绑定、添加关键帧和输出动画等技能，全流程基本可以在Cinema 4D中完成。

MG动画常用于制作一些片头、页面展示等，属于较为简单的小动画。在Cinema 4D中更多是创建动画的各个元素，导入After Effects中合成为动画。建模、灯光和材质是学习的重点。

栏目包装常见于电视栏目的片头、片尾和预告片等。有些需要先借助Cinema 4D制作动画元素再导入After Effects中合成，有些则完全可以在Cinema 4D中完成。

模拟动画是一些专业类的动画，例如医疗动画或爆破模拟动画等。建模、动力学和关键帧是学习的重点。

给新手的一些建议

动画设计方向的难度要相对大一些，无论从事哪个细分方向，建模是必学的部分，关键帧和动力学需要重点掌握。动画不同于静帧效果图，在制作时需要体现节奏感，这方面就要靠读者平时在学习过程中用心去体会，多观摩一些优秀的作品并总结规律。

资源与支持

本书由"数艺设"出品,"数艺设"社区平台(www.shuyishe.com)为您提供后续服务。

配套资源

实例文件
场景文件
在线教学视频
在线功能讲解视频

教师专享

PPT课件

资源获取请扫码

提示:微信扫描二维码关注公众号后,输入51页左下角的5位数字,获得资源获取帮助。

"数艺设"社区平台,为艺术设计从业者提供专业的教育产品。

与我们联系

我们的联系邮箱是 szys@ptpress.com.cn。如果您对本书有任何疑问或建议,请您发邮件给我们,并在邮件标题中注明本书书名及ISBN,以便我们更高效地做出反馈。

如果您有兴趣出版图书、录制教学课程,或者参与技术审校等工作,可以发邮件给我们。如果学校、培训机构或企业想批量购买本书或"数艺设"出版的其他图书,也可以发邮件联系我们。

关于"数艺设"

人民邮电出版社有限公司旗下品牌"数艺设",专注于专业艺术设计类图书出版,为艺术设计从业者提供专业的图书、视频电子书、课程等教育产品。出版领域涉及平面、三维、影视、摄影与后期等数字艺术门类,字体设计、品牌设计、色彩设计等设计理论与应用门类,UI设计、电商设计、新媒体设计、游戏设计、交互设计、原型设计等互联网设计门类,环艺设计手绘、插画设计手绘、工业设计手绘等设计手绘门类。更多服务请访问"数艺设"社区平台www.shuyishe.com。我们将提供及时、准确、专业的学习服务。

目录 CONTENTS

第 3 章

第 4 章

第 5 章

第 6 章

毛发与粒子技术 131

第 7 章

动力学技术 151

第 8 章

动画技术 165

第 **9** 章

渲染技术 177

第 **10** 章

项目综合实训 195

第 **1** 章

Cinema 4D 的基础知识

本章将介绍 Cinema 4D 2023 的工作界面及重要操作要领。本章是 Cinema 4D 的基础章，也是要掌握 Cinema 4D 的工作界面和功能的必学内容，所有内容均是笔者根据多年工作经验甄选出来的。

本章学习要点

▶ 熟悉 Cinema 4D 的工作界面

▶ 掌握 Cinema 4D 的基础操作

▶ 掌握 Cinema 4D 的常用工具

1.1 Cinema 4D的基础操作

Cinema 4D 2023的工作界面相较于之前的版本有较大的变化，本节就为读者详细讲解该软件的工作界面及一些基础操作。

1.1.1 Cinema 4D 2023的工作界面

安装完Cinema 4D后，双击桌面图标 就可以启动软件。与其他软件一样，启动Cinema 4D时也会出现一个启动界面，如图1-1所示。

图1-1

☑ 提示 ----------------------

读者在安装Cinema 4D 2023时，尽量选择子版本号更高的软件进行安装。子版本号越高，软件的适配性越高，也越稳定。

Cinema 4D的工作界面分为七大部分，分别是菜单栏、工具栏、视图窗口、"对象"面板、"属性"面板、"时间线"面板和界面布局，如图1-2所示。软件的默认界面颜色为黑色，为了方便印刷，笔者将部分界面颜色调整为了深灰色。无论界面颜色如何设置，都不影响软件的使用。

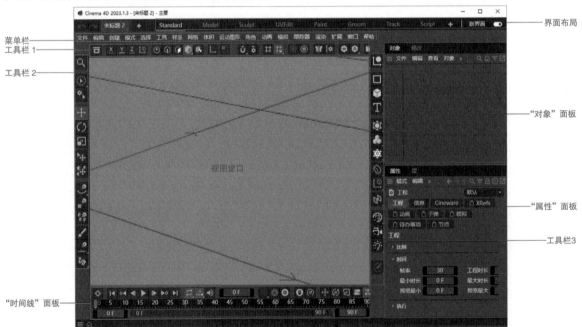

图1-2

菜单栏基本包含了Cinema 4D所有的工具和命令。

选择界面布局中的不同选项会切换至不同的界面布局，方便用户快速选择需要的命令。用户也可以自定义界面布局。

☑ 提示 ----------------------

如果不小心把Cinema 4D的工作界面"打乱"了，在软件的右上方选择"Standard"（标准）选项，就可以恢复到默认的工作界面。

工具栏1是以往版本中模式工具栏中的工具和部分工具栏中的工具的集合，如图1-3所示。

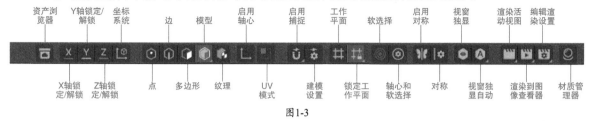

图1-3

工具栏2中的工具用于对场景中的对象进行移动、旋转和缩放等操作，如图1-4所示。需要注意的是，在不同的对象模式中，该工具栏中的工具类型会有所差异。

工具栏3是非常重要的工具栏，用户可以通过不同的工具按钮，创建出需要的对象，以及对象的不同形态，如图1-5所示。

☑ 提示 ----------------------------->

当切换到软件自带的Redshift渲染器时，"天空""摄像机""灯光"的图标会发生变化，自动切换为Redshift携带的相应工具图标。

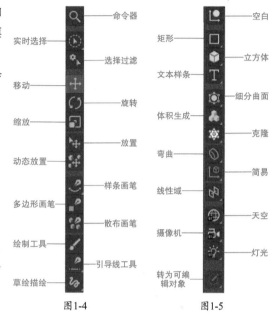

图1-4　　　　　　图1-5

"对象"面板中会显示场景中所有创建的对象，也会清晰地显示各对象之间的层级关系，如图1-6所示。"对象"面板所在面板组还有一个"场次"面板，相比之下"对象"面板的使用频率更高。

要调节创建对象的相关参数，就要在"属性"面板中进行操作，图1-7所示是立方体对象的属性。"属性"面板所在面板组还有一个"层"面板。

"时间线"面板是控制动画效果的面板，如图1-8所示，拥有播放动画、添加关键帧和控制动画播放速率等功能。

图1-6

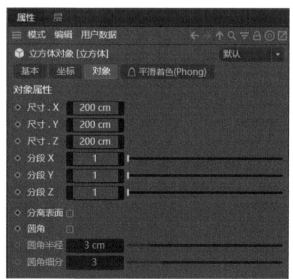

图1-7

视图窗口是编辑与观察模型的主要区域，也是占软件工作界面面积最大的板块，默认为单独显示的透视视图。

图1-8

1.1.2 软件的初始设置

在使用软件制作场景前,需要对软件进行一些初始设置。

1.切换软件语言版本

在默认情况下,Cinema 4D启动后使用的是英文版本。如果要切换为中文版本,需要进行相关操作。

执行Edit>Preferences菜单命令（快捷键为Ctrl + E）,弹出Preferences面板,如图1-9和图1-10所示。

在Interface选项卡中,设置Language为"简体中文(Simple Chinese)(zh-CN)",如图1-11所示。然后关闭面板和软件,接着再次启动软件,可以看到工作界面为中文界面。如果读者在该下拉菜单中没有找到"简体中文"选项,那么需要安装语言包。

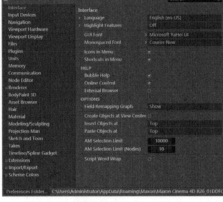

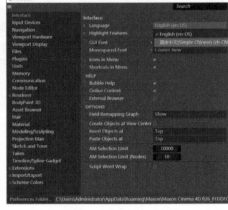

图1-9	图1-10	图1-11

2.软件字号

软件的默认字号为12,字号过小可能会影响对界面的观察和工具的查找。单击"GUI字体"右侧的箭头,在下方设置字号为16,如图1-12所示。

3.自动保存

虽然Cinema 4D 2023较少出现软件崩溃的情况,但为了将出现意外情况带来的损失尽可能降低,还是需要启用自动保存的功能。

在"文件"选项卡中勾选"保存"复选框,然后设置"每（分钟）"为30,勾选"限制"复选框,并设置"到（拷贝）"为3,如图1-13所示。这样就能每30分钟自动保存一次正在制作的文件,并且保存最近3次的自动保存文件。默认情况下,自动保存的文件会保存在"工程"目录中,读者也可以设置自定义的路径。

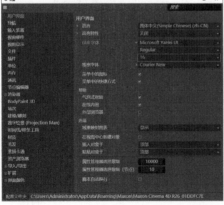

图1-12	图1-13

☑ 提示 --- ›

如果读者觉得默认的字号不影响使用,可以不更改。字号的大小仅供参考,这里的设置仅为笔者的习惯。

4.场景单位

在制作场景文件之前，需要根据要求设置相应的场景单位。在"设置"面板中切换到"单位"选项卡，其中显示Cinema 4D的默认单位为"厘米"，如图1-14所示。若导入外部文件，有可能因为单位不同而导致模型大小出现变化，这里建议读者勾选"自动转换"复选框，以自动缩放模型。

如果要统一修改场景单位为"毫米"，需要将"显示"设置为"毫米"，如图1-15所示。这里只是修改了对象显示的单位，而场景本身还是按照"厘米"的量级进行计算。

在"属性"面板的"工程"选项卡中还需要设置"工程缩放"的单位为"毫米"，如图1-16所示。这样无论是对象显示的单位还是场景本身的单位，都统一为了"毫米"。

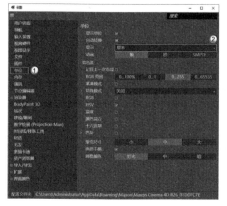 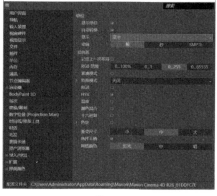 

图1-14　　　　　　　图1-15　　　　　　　图1-16

1.1.3 移动、旋转、缩放视图

通过移动、旋转和缩放视图，可以很好地观察视图中的模型，从而进行后续的制作。下面介绍移动、旋转和缩放视图的操作方法。

移动视图： Alt键+鼠标滚轮。按住Alt键，然后按住鼠标滚轮拖曳，即可平移视图，如图1-17所示。

旋转视图： Alt键+鼠标左键。按住Alt键，然后按住鼠标左键拖曳，即可围绕选定的对象旋转视图，如图1-18所示。

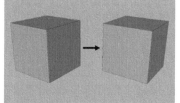 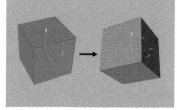

图1-17　　　　　　　图1-18

☑ 提示

在制作模型的过程中，经常会遇到旋转视图时，画面中心离模型很远，不在模型中心的情况。若已经选中了模型，在视图空白区域单击鼠标右键，然后在弹出的快捷菜单中选择"框显选择中的对象"命令，如图1-19所示，就能让选中的对象处于画面中心位置。

若场景中没有对象被选中，那么在视图空白区域单击鼠标右键，然后在弹出的快捷菜单中选择"框显几何体"命令，如图1-20所示，场景中的所有对象都会显示在画面中心位置。

缩放视图： 滚动鼠标滚轮。滚动鼠标滚轮，就能放大或缩小视图中的对象，如图1-21所示。

  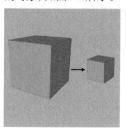

图1-19　　　　　　　图1-20　　　　　　　图1-21

1.1.4 切换视图

切换视图有助于制作场景时更加准确且快速地观察对象的位置。切换视图的方法有两种。

第1种：通过"摄像机"菜单在原有的视图上快速切换到其他视图，"摄像机"菜单如图1-22所示。

📋 提示 --

F1、F2、F3和F4键是切换透视图、顶视图、右视图、正视图这4个视图的快捷键。

图1-22

第2种：在视图上单击鼠标中键，视图窗口会从默认的透视图切换为四视图，如图1-23所示。在相应的视图上再次单击鼠标中键，可以最大化显示该视图。

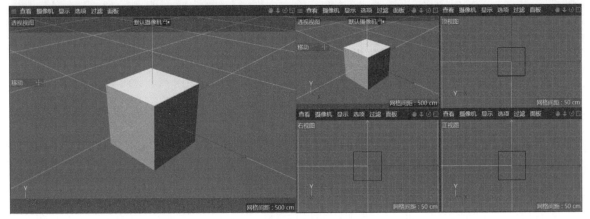

图1-23

📋 提示 --

如果想要视图更加简洁，可以在"过滤"菜单中取消勾选"编辑"下的命令，如图1-24所示。这样视图中将只剩下对象和纯色背景，如图1-25所示。

调整到合适的视图显示效果后，可以利用"预设"菜单将其保存为一个预设，如图1-26所示。这样新建项目时，就可以快速调取该预设，不用再逐个取消勾选不需要的选项。

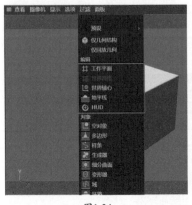
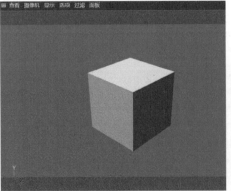

图1-24　　　　　　　　图1-25　　　　　　　　图1-26

1.1.5 移动、旋转、缩放对象

使用工具栏2中的"移动"➕、"旋转"🔄和"缩放"🔲这3个工具就能实现移动、旋转和缩放选中的对象。

选中视图中的对象，然后在工具栏2中单击"移动"按钮（或按E键），对象上会出现一个坐标系，如图1-27所示。其中红色代表*x*轴，绿色代表*y*轴，蓝色代表*z*轴。拖曳相应的轴，就能将对象移动。

在工具栏2中单击"旋转"按钮（或按R键），对象上会出现球形坐标系，如图1-28所示。拖曳相应的轴，就能旋转对象。

在工具栏2中单击"缩放"按钮（或按T键），对象上会出现坐标系，如图1-29所示。拖曳相应的轴，就能缩放对象。

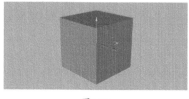
图1-27

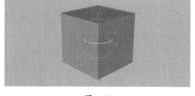
图1-28

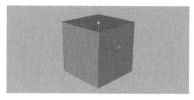
图1-29

☑ 提示 --

读者在操作时需要注意，如果创建的是网格对象模型，那么无论沿哪个轴向缩放，都会是等比例缩放的效果。如果要单独沿某个轴向缩放，必须将网格模型转换为可编辑对象才能实现。

1.1.6 切换对象的显示方式

"显示"菜单罗列了对象的不同显示方式，如图1-30所示。

"光影着色"只显示对象的颜色和明暗效果，如图1-31所示。"光影着色（线条）"不仅显示对象的颜色和明暗效果，还显示对象的线框，如图1-32所示。

图1-30

图1-31

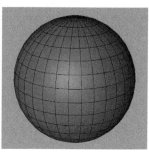
图1-32

"常量着色"只显示对象的颜色，不显示明暗效果，如图1-33所示。"线条"只显示对象的线框，如图1-34所示。

图1-33

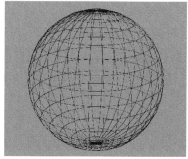
图1-34

☑ 提示 --

通过选择菜单中的选项来切换对象显示方式未免有些麻烦，且影响工作效率。下面介绍快速简便地切换对象显示方式的方法。

在"显示"菜单中，可以看到每种效果的后面跟着一组字母，例如"光影着色 N~A"。其实这组字母就是"光影着色"的快捷键。

当要切换到"光影着色"效果时，先按N键，然后视图中就会出现一个菜单，如图1-35所示，接着根据菜单的提示按A键，这样场景中的对象就会显示为"光影着色"效果。

同理，当要切换到"光影着色（线条）"效果时，先按N键再按B键即可。

键: N		H ... 线框
A ... 光影着色		I ... 等参线
B ... 光影着色（线条）		K ... 方形
C ... 快速着色（线条）		L ... 骨架
D ... 快速着色（线条）		O ... 显示标签
E ... 常量着色		P ... 背面忽略
F ... 隐藏线条		Q ... 材质
G ... 线条		R ... 透显

图1-35

1.1.7 复制对象

复制对象是日常工作中使用频率非常高的一项操作。在Cinema 4D中可以通过3种方式复制对象，下面逐一进行介绍。

第1种: 选中需要复制的对象后按快捷键Ctrl+C，然后按快捷键Ctrl+V，复制出的对象与源对象重叠，需要使用"移动"工具🟦等进行下一步操作。

第2种: 选中需要复制的对象，然后在"对象"面板中按快捷键Ctrl+C，接着按快捷键Ctrl+V，就可以在"对象"面板上看到复制的新对象，如图1-36所示。复制出的对象与源对象在视图窗口中是重叠的。

第3种: 选中需要复制的对象，然后按住Ctrl键移动、旋转或缩放，就可以复制出新的对象，如图1-37所示。这种方法也是日常工作中最常用的方法之一。

图1-36

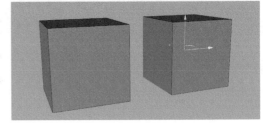

图1-37

1.2 Cinema 4D常用工具的运用

Cinema 4D中有很多工具，本节就介绍其中使用频率较高的一些工具的使用方法。

1.2.1 选择类工具

Cinema 4D的选择类工具有4种，集合在工具栏2中，分别为"笔刷选择"工具🟦、"框选"工具🟦、"套索选择"工具🟦和"多边形选择"工具🟦，如图1-38所示。其中，"笔刷选择"工具🟦和"框选"工具🟦是日常使用频率较高的两个选择类工具。

在默认情况下软件使用"笔刷选择"工具🟦（快捷键为9键），界面中会出现一个圆圈，单击该圆圈就会选中它所在的对象，如图1-39所示。

图1-38

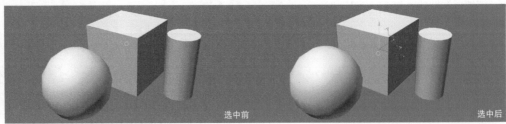

选中前　　　　　　　　　　　　　　　　选中后

图1-39

☑ 提示 --->

在"笔刷选择"工具🟦处于激活状态时，可以在"属性"面板中调整圆圈的尺寸，如图1-40所示。按住鼠标中键拖曳，能快速调整圆圈的尺寸。

图1-40

如果要快速选择一定范围内的对象，利用"框选"工具■（快捷键为0键）可以很方便地实现。使用该工具在视图窗口中拖曳，会生成一个矩形选框，选框范围内和与选框相交的对象会被选中，如图1-41所示。

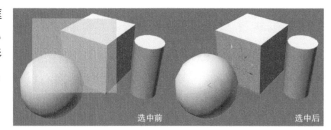

选中前　　　　　　　　选中后

图1-41

1.2.2 "放置"工具

使用"放置"工具■可以快速将所选对象放置在曲面上，如图1-42所示。用传统的方式将曲面对象进行拼接时，会根据曲面的角度调整对象的旋转角度和位置，操作较为麻烦。"放置"工具■运用动力学碰撞的原理，灵活且快速地根据曲面角度调整对象的旋转角度和位置，简化了烦琐的操作步骤。

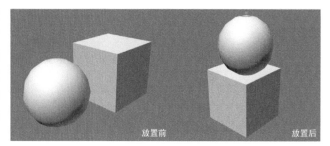

放置前　　　　　　　　放置后

图1-42

☑ 提示 ··

"动态放置"工具■更为灵活，除了与要放置的对象会产生动力学碰撞外，还会与场景中的其他对象产生碰撞，形成真实的摆放效果，如图1-43所示。

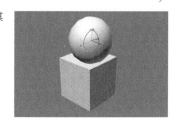

图1-43

1.2.3 资产浏览器

"资产浏览器"是一个非常实用的功能面板，按快捷键Shift+F8能快速打开该面板，如图1-44所示。

面板的左侧罗列了模型、材质、HDRI、灯光和贴图等日常模型制作中经常会用到的资源文件，这些文件都存储在云端，选中合适的资源从云端下载后，就能直接将其运用到场景中，图1-45所示是云端存储的HDRI文件。在较早版本的软件中，"资产浏览器"面板中的资源需要单独安装（大约10GB），就会占用很大的计算机硬盘存储空间。从S24版本开始，这些资源都集合到了云端，用户只需要下载自己需要的资源文件即可。

图1-44

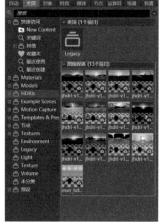

图1-45

☑ 提示 ··

用户也可以将本机的资源添加到"资产浏览器"面板中，从而快速调取并运用到场景中。

1.2.4 坐标系统

Cinema 4D提供"全局"和"对象"两种模式的坐标系统。默认情况下采用"全局"模式，其坐标系的方向随着对象角度的变化而变化，如图1-46所示。单击工具栏1中的"坐标系统"按钮，会切换到"对象"模式，无论对象的角度如何改变，坐标系的方向都与世界坐标系一致，如图1-47所示。

图1-46

图1-47

☑ 提示 --->

当"坐标系统"没有激活时，系统处于"全局"模式；当"坐标系统"激活时，系统处于"对象"模式。

1.2.5 捕捉和量化

使用"捕捉"功能可以很方便地移动对象到另一个对象的特定位置上，特别适合无缝拼接的操作。

单击"启用捕捉"按钮后，单击"建模设置"按钮就会弹出"建模设置"面板，此时显示"捕捉"选项卡，如图1-48所示。在该选项卡中可以选择不同的捕捉模式以及参考对象。

"模式"下拉菜单中有"自动捕捉""2D捕捉""3D捕捉"3种捕捉模式，如图1-49所示。

图1-48

图1-49

"捕捉半径"用于调整捕捉范围的大小，图1-50所示为不同捕捉半径的对比效果。下方的"点""边""多边形"等复选框在被勾选后会作为捕捉的参考对象。

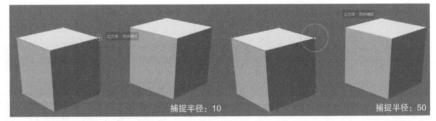
捕捉半径：10　　捕捉半径：50
图1-50

长按"启用捕捉"按钮，在弹出的下拉菜单中可以激活"启用量化"按钮。在"建模设置"面板中切换到"量化"选项卡，可以设置相应的量化数值，如图1-51所示。

勾选"量化"复选框后启用量化参数。对象会按照设置的"移动"数值移动，按照设置的"旋转"数值旋转相应的角度，按照设置的"缩放"数值缩放。比起没有量化时的随意控制，量化后会更加精准。

图1-51

☑ 提示 --->

按住Shift键移动、旋转和缩放对象时，也会按照量化的设定数值产生对应的效果。

1.2.6 轴心

默认情况下,对象坐标系的轴心位于对象中心位置,如图1-52所示。单击"启用轴心"按钮 (或按L键),就可以调整对象坐标系轴心的位置,如图1-53所示。

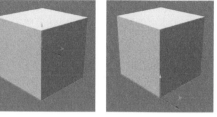

图1-52 　　　　图1-53

调整轴心的位置后,旋转和缩放操作就会按照新的轴心位置进行变换,图1-54和图1-55所示为对比效果。

图1-54

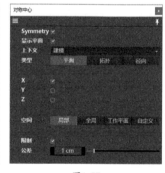

图1-55

💡 提示 --->

调整完轴心的位置后,一定要及时取消激活"启用轴心"按钮 ,否则后续的操作都是对轴心的操作,而不是对对象本身。

1.2.7 对称

在对象的可编辑状态下,单击"启用对称"按钮 ,就能显示对称轴,从而可以快速选择对称轴两侧的对象,如图1-56所示。

如果要更改对称轴,可以单击"对称"按钮 ,在弹出的对话框中设置相应的轴向,如图1-57所示。

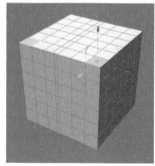

图1-56 　　　　图1-57

勾选Symmetry复选框后,会启用对称功能。勾选"显示平面"复选框后,会在对象上显示相应的对称轴。

对称的"类型"有3种,分别为"平面""拓扑""径向",效果如图1-58所示。勾选X、Y或Z复选框,就会在场景中显示相应的对称平面。

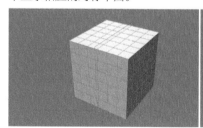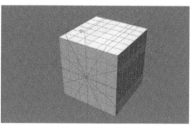

图1-58

1.2.8 视窗独显

当场景中存在很多对象时，编辑某个对象会比较不容易观察，使用"视窗独显"功能就能快速使需要编辑的对象单独显示。

选中需要单独显示的对象，然后单击"视窗独显"按钮 ，就会单独显示该对象，如图1-59所示。

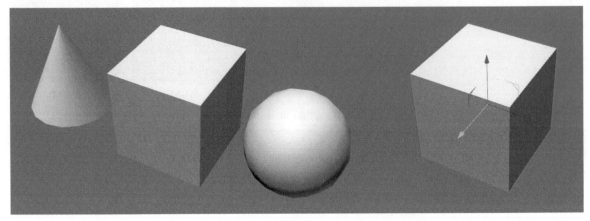

图1-59

激活"视窗独显自动"按钮 后，在"对象"面板中选择其他隐藏的对象，就会单独显示选中的对象，如图1-60所示。

图1-60

1.3 技术汇总与解析

本章介绍了Cinema 4D的工作界面、基础操作和常用工具，这些内容都针对日常工作，使用频率很高。

工作界面：熟悉软件工作界面的布局，了解每一个板块的作用。

基础操作：软件视图的切换和操作，对象的移动、旋转、缩放和复制，对象的不同显示方式，这些都是Cinema 4D最基础的知识，也是最重要的知识。只有掌握了这些知识，才能进一步学习本书后面的内容。

常用工具：这些工具是日常工作中会经常用到的，必须熟练掌握。

第 **2** 章

建模技法

本章将通过技法结合行业案例实训的方式详细地讲解 Cinema 4D 的常用建模技法。此外，在建模的过程中，也会讲解建模的思路以及各大技法的核心和操作，读者在学习的过程中，要注意多观察，多思考，多练习。

本章学习要点

▶ 网格参数对象建模

▶ 样条参数对象建模

▶ 生成器建模

▶ 变形器建模

▶ 效果器和域建模

▶ 可编辑对象建模

2.1 Cinema 4D的建模技法类型

Cinema 4D的建模功能十分强大，能创建出绝大多数类型的模型。相对于其他三维软件的建模功能，Cinema 4D的操作更加简便，通过不同类型的建模技法，能在很短的时间内创建出一个复杂的模型。

Cinema 4D的建模技法有很多，绝大多数技法需要依靠内置的不同类型的建模工具进行建模。网格参数对象建模是依靠内置的几何体工具，通过"拼积木"的原理搭建整体模型。样条参数对象建模是依靠手绘的样条线或内置的样条工具，通过不同的生成器生成三维模型。生成器与变形器建模是在原有网格或样条模型的基础上进行克隆、扭曲、破碎和挖孔等复杂的变换。效果器和域建模是对模型进行特定范围内的变化。所有建模技法中最为重要的是可编辑对象建模（也叫多边形建模），通过对模型进行点、边和多边形模式的编辑，生成任意形状的模型效果。

在实际工作中可以灵活穿插运用不同建模技法，通常一个模型需要用好几种建模技法实现。在学习这一章时，建议读者学习全部内容，因为无论从事哪个行业，建模都是最基础也是最重要的内容。

2.2 网格参数对象建模

网格参数对象可以直接创建软件的内置三维模型。只需要调整"属性"面板中的参数，就可以更改这些三维模型的形状。

2.2.1 内置几何体工具

长按工具栏3中的 "立方体" 按钮 立方体，弹出的面板如图2-1所示。 只要单击该面板中的按钮， 就会在视图窗口中自动创建一个相应的模型。 长按 "立方体" 按钮 立方体 下方的 "文本样条" 按钮 文本样条，弹出的面板如图2-2所示。 单击该面板中的 "文本" 按钮 文本 可以直接创建一个文本模型。

图2-1

图2-2

1.立方体

"立方体"工具 立方体 在建模过程中使用的频率很高，很多复杂的模型都是由该模型变换而来的。立方体模型及其"属性"面板如图2-3所示。

"尺寸.X""尺寸.Y""尺寸.Z"控制立方体的长、宽、高。"分段X""分段Y""分段Z"控制立方体模型的分段线数量。勾选"圆角"复选框后，模型原本的锐角会变为圆角，如图2-4所示。"圆角半径"控制圆角的大小。"圆角细分"则控制圆角的分段线数量，数值越大，圆角越圆滑。

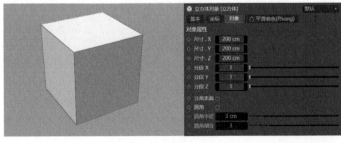

图2-3

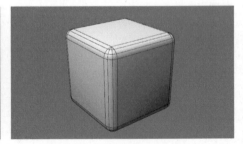

图2-4

2.平面

"平面"工具 ◆平面 在建模过程中使用的频率非常高,例如创建墙面和地面等。平面模型及其"属性"面板如图2-5所示。

"宽度"和"高度"决定平面的大小。"宽度分段"和"高度分段"则决定平面上分段线的数量。分段线的多少会影响模型的精度,例如用平面模拟布料时,分段线越多,模拟的布料越柔软自然。

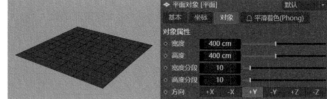

图2-5

3.球体

"球体"工具 ●球体 也是参数化几何体常用的工具。在Cinema 4D中,可以创建完整的球体,也可以创建半球体或球体的某一部分。球体模型及其"属性"面板如图2-6所示。

"分段"设置球体多边形分段的数目,默认为16。分段越多,球体越圆滑,反之则越粗糙,如图2-7所示。

图2-6

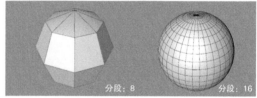

图2-7

"类型"用于设置不同的球体样式,包括"标准""四面体""六面体""八面体""二十面体""半球",如图2-8所示。

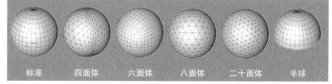

图2-8

4.圆柱体

"圆柱体"工具 ■圆柱体 是制作很多圆柱类模型的基础工具,圆柱体模型及其"属性"面板如图2-9所示。

图2-9

圆柱体的参数相对前3种模型要复杂一些。"旋转分段"控制圆柱体的曲面圆滑程度,数值越大,圆柱体就越圆,如图2-10所示。

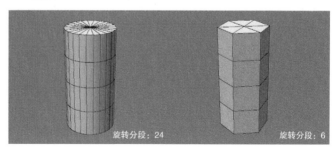

图2-10

默认情况下"封顶"复选框处于勾选状态，圆柱体的两端呈封闭效果。如果不勾选该复选框，圆柱体呈镂空效果，如图2-11所示。

勾选"切片"复选框后，圆柱体会像被切的蛋糕一样呈现不完整的效果，如图2-12所示。调整"起点"和"终点"的数值，能控制圆柱体的完整程度。

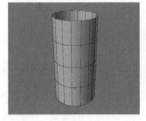 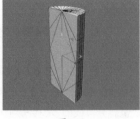

图2-11   图2-12

5.文本

"文本"工具 可以直接创建文本模型，而且还可以调节倒角效果，常用来制作立体文本模型，其效果及"属性"面板如图2-13所示。

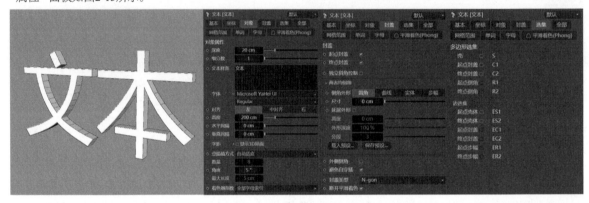

图2-13

"深度"用于设置文本模型的厚度。在"文本样条"文本框内可以输入需要生成文本模型的内容。"高度"用于设置文本模型的大小，数值越大，文本模型越大。"倒角外形"用于设置文本模型的倒角类型，如图2-14所示。

> 📋 提示 --->
>
> "文本"工具 是将样条中的"文本样条"工具 和"挤压"生成器 整合得到的工具。参数的具体用法可以参考这两个工具。在旧版本软件中，"文本"工具 归类在"运动图形"菜单中。

图2-14

2.2.2 场景工具

长按工具栏3中的"天空"按钮 ，弹出的面板如图2-15所示。在该面板中单击按钮就可以创建需要的场景模型。场景工具是场景制作的辅助工具，其中，"天空""地板""背景"都是常用的工具。

图2-15

1.天空

"天空"模型 是一个很大的球体模型，会包裹场景中的所有模型。此模型通常会配合HDRI材质一起使用，为场景提供环境光，如图2-16所示。

图2-16

如果不想在视图窗口中观察到天空模型，可以在"对象"面板中的"天空"对象上单击鼠标右键，在弹出的快捷菜单中选择"渲染标签>合成"命令，然后在下方的"属性"面板中取消勾选"摄像机可见"复选框，如图2-17所示。此时就不会在视图窗口中观察到天空模型，但渲染时仍然能渲染出光影效果。

图2-17

2.地板

"地板"模型 ▦ 地板（有些版本翻译为地面）是一个平面模型，但在渲染时会无限延伸，如图2-18所示。

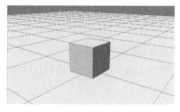

图2-18

☑ 提示--->

"地板"工具 ▦ 地板与"平面"工具 ◆ 平面相似，都用于创建一个平面，但不同的是地板模型是无限延伸、没有边界的平面，如图2-19所示。

图2-19

3.背景

"背景"工具 ◼ 背景用于设置场景的整体背景，它没有实体模型，只能通过材质和贴图进行表现，如图2-20所示。

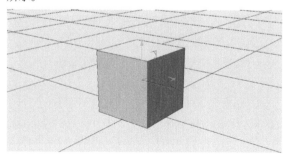

图2-20

☑ 提示--->

在制作一些场景时，需要将地板部分与背景融为一体，形成无缝的效果，使用"背景"工具 ◼ 背景与"合成"标签 ◼ 合成即可实现。

为地板和背景加载同样的贴图，效果如图2-21所示。

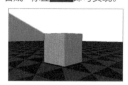

图2-21

由于地板贴图的坐标不合适，因此地板和背景贴图对应不上。在"对象"面板中选择"地板"的材质图标，然后在下方的"属性"面板中设置"投射"为"前沿"，如图2-22所示。视图窗口中的效果如图2-23所示。

图2-22

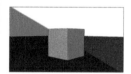

图2-23

现在无论怎样移动和旋转视图，地板与背景都可形成无缝效果，如图2-24所示。

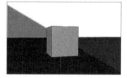

图2-24

观察渲染的效果，地板和背景虽然连接上了，但还是有明显的分界，如图2-25所示。选中"地板"对象，然后添加"合成"标签 ◼ 合成，勾选"合成背景"复选框，如图2-26所示。效果如图2-27所示。

图2-25

图2-26

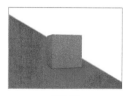

图2-27

2.2.3 模型的拼合与拆分

"拼合"和"拆分"是建模的基本思路。无论多么复杂的模型,只要将其拆分为多个个体进行制作,再将个体拼合在一起就可以实现。

读者在创建复杂的模型前,需要先分析这个模型可以拆分为哪些部件,每个部件能大致对应内置几何体中的哪些模型。通过为内置几何体添加生成器、变形器或将其转换为可编辑对象进行编辑来完成部件的制作,再以"拼积木"的方式将部件组合成最终的模型。

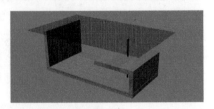

图2-28

图2-28所示的茶几模型看似复杂,但可拆分成7个部件进行制作,如图2-29所示。这7个部件可以对应内置几何体中的立方体和圆柱体,通过这两个工具创建模型,再进行部分形态的编辑,就能制作出7个部件,最后拼合成茶几模型。

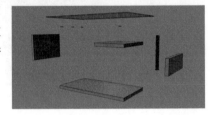

图2-29

2.2.4 网格参数对象建模的行业应用

网格参数对象建模是其他建模技法的基础,该建模技法的行业应用如下。

电商设计行业: 运用网格参数对象建模可以完成体素类风格的海报、详情页等设计内容。对于一些复杂的模型结构,需要在网格参数对象上进行造型变换。

游戏美术行业: 一些卡通风格的手游开发会用到网格参数对象建模,例如连连看、找不同、迷宫和解密类游戏等休闲手游,这些游戏的场景模型较为简单。

影视动画行业: 相对来说,这个行业运用网格参数对象建模较少。这个行业所运用的模型都较为复杂,仅使用网格参数对象建模完全达不到要求。但再复杂的模型,也是在内置几何体模型的基础上变换而来的。

案例实训: 制作卡通仙人掌盆栽

案例文件	案例文件>CH02>案例实训:制作卡通仙人掌盆栽
视频名称	案例实训:制作卡通仙人掌盆栽.mp4
学习目标	学习内置几何体模型的创建方法和思路

卡通类模型经常出现在视觉海报和游戏场景中。利用内置几何体模型,像"拼积木"一样将不同形状的模型拼合在一起,从而制作出卡通仙人掌盆栽模型,如图2-30所示。

01 长按"立方体"按钮 █立方体,在弹出的面板中单击"圆锥体"按钮 █圆锥体,场景中会创建一个圆锥体模型,如图2-31所示。

图2-30

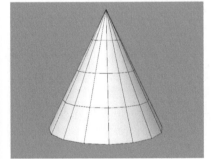

图2-31

02 在右侧的"属性"面板中设置"顶部半径"为80cm，"底部半径"为50cm，"高度"为180cm，"高度分段"为4，"旋转分段"为24，如图2-32所示。

03 使用"胶囊"工具 创建一个胶囊模型，设置"半径"为30cm、"高度"为260cm，并将胶囊模型放在圆锥体模型上方，如图2-33所示。

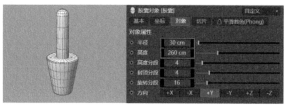

图2-32 图2-33

04 将胶囊模型复制一份，修改"半径"为25cm、"高度"为120cm，然后将新的胶囊模型旋转一定角度后摆放在右侧，如图2-34所示。

05 将上一步修改得到的胶囊模型复制两份，然后摆放在左侧，案例最终效果如图2-35所示。

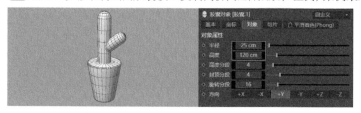

图2-34 图2-35

2.3 样条参数对象建模

样条是Cinema 4D自带的二维图形，用户可以通过"样条画笔"工具 绘制任意线条，也可以长按"矩形"按钮 ，在弹出的面板中单击按钮创建出特定的图形，如图2-36所示。单击"文本样条"按钮 可以创建文本样条。

图2-36

2.3.1 样条建模的原理

样条建模的原理是先将造型相关的二维线画出来，然后在二维线的基础上应用一个可以让二维线变成三维模型的命令（例如挤压），从而形成实体。

通过添加、删除和修改点的操作，能对样条线的造型进行编辑，制作出预想模型的基本样式。运用不同的生成器和变形器，可将编辑后的样条线转换为造型复杂三维模型。

2.3.2 内置样条线图形

长按"矩形"按钮 ，弹出的面板中罗列了软件内置的样条线图形。通过调整"属性"面板中的参数可修改这些图形的造型。下面介绍日常工作中常用的图形。

1.圆环

使用"圆环"工具 ○ 圆环 可以绘制出不同大小的圆环样条，圆环及其"属性"面板如图2-37所示。

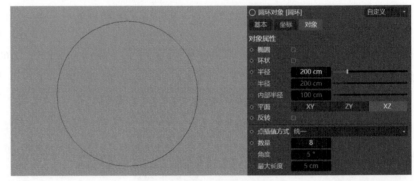

图2-37

勾选"椭圆"复选框后，可以单独设置长度方向和宽度方向的半径，形成椭圆形样条，如图2-38所示。

勾选"环状"复选框后会生成同心圆，如图2-39所示，同时激活"内部半径"选项(用于设置内层圆的半径)。

图2-38 图2-39

2.矩形

使用"矩形"工具 □ 矩形 可以绘制出不同尺寸的矩形，矩形及其"属性"面板如图2-40所示。

"宽度"和"高度"用于设置矩形的宽度和高度。勾选"圆角"复选框后会生成矩形圆角效果，同时激活"半径"选项，如图2-41所示。"半径"用于控制圆角的大小。

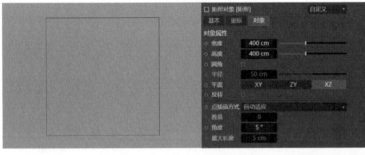

图2-40 图2-41

3.文本样条

使用"文本样条"工具 T 文本样条 可以在场景中生成文本样条，便于制作各种立体字，文本样条及其"属性"面板如图2-42所示。

图2-42

☑ 提示 --->

文本样条的操作方法与文本相似，读者可以参照起来学习。

2.3.3 可编辑样条线

内置的样条线图形只能通过在"属性"面板中修改参数来改变形状，这种修改比较有限。如果要绘制更加复杂的图形，只能通过"样条画笔"工具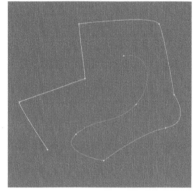绘制，或将图形转换为可编辑样条线后进行编辑。

"样条画笔"工具位于工具栏2中，用于绘制任意形状的二维线。二维线的形状不受约束，可以封闭，也可以不封闭，拐角处可以是尖锐的，也可以是圆滑的，如图2-43所示。

将图形转换为可编辑样条线的方法很简单。选中需要转换的图形，然后单击"转为可编辑对象"按钮（或按C键）即可。转换后的图形将不能再调整参数，只能通过"点"模式编辑点来更改整体样式。图2-44所示是编辑后的矩形。

图2-43

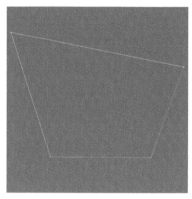

图2-44

☑ 提示 --->

Cinema 4D中的"样条画笔"工具类似于3ds Max中的"线"工具，但它却不能像"线"工具一样通过直接按住Shift键绘制水平或垂直的直线段。在Cinema 4D中绘制直线段有以下两种方法。

方法1：借助"启用捕捉"工具和背景栅格。选择"启用捕捉"工具和"网格点捕捉"选项，然后就能用"样条画笔"工具沿着栅格绘制出水平或垂直的直线段，如图2-45和图2-46所示。

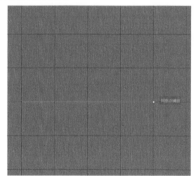

图2-45

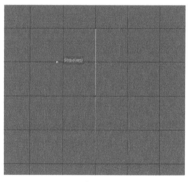

图2-46

方法2：利用"缩放"工具对齐点。选中图2-47所示的样条线的两个点，然后在"坐标"面板中设置两个点的X为0cm，即可使样条线垂直，如图2-48所示。

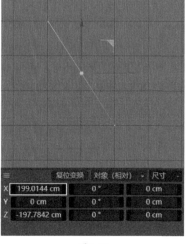

图2-47

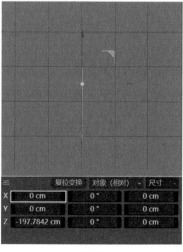

图2-48

2.3.4 编辑样条线

可编辑样条线只能在"点"模式◉中通过编辑点来更改形状。选中需要编辑的点，单击鼠标右键，就可以调出所有编辑点的命令，如图2-49所示。

图2-49

1.倒角

"倒角"命令可以将一个锐利的角点转换为两个圆滑的贝塞尔点。选中需要倒角的点，然后选择"倒角"命令，在画面中拖曳鼠标，原本锐利的角点会变为两个贝塞尔点，两点之间的连接线呈弧形，如图2-50所示。

倒角前　　　　　　　　　　倒角后

图2-50

拖曳鼠标虽然可以直观地呈现倒角效果，但无法精确倒角的数值。可以在"属性"面板中设置"半径"的数值来精确控制倒角大小，如图2-51所示。勾选"平直"复选框，倒角的弧形连接线会变得平直，形成切角效果，如图2-52所示。

图2-51

图2-52

2.焊接

当需要将两个点合并成一个点时，可以使用"焊接"命令，具体操作方法如下。

第1步： 选中两个点，如图2-53所示。

第2步： 单击鼠标右键，在弹出的快捷菜单中选择"焊接"命令，两个点之间就会出现一条连接线，如图2-54所示。

第3步： 单击连接线，两个点会合并为一个点，如图2-55所示。

图2-53

图2-54

图2-55

3.创建轮廓

"创建轮廓"命令可以按照现有样条线的形状，在外侧或内侧再生成一条相同形状的样条线，具体操作方法如下。

第1步：选中需要添加轮廓的样条线，如图2-56所示。

第2步：单击鼠标右键，在弹出的快捷菜单中选择"创建轮廓"命令，然后在画面中按住鼠标左键并拖曳，就可以在内侧或外侧创建一条相同的样条线，如图2-57所示。

 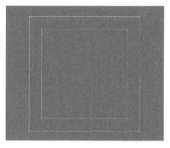

图2-56　　　　　　　　　　　图2-57

4.断开连接

"断开连接"命令用于将一个点分裂成两个点。与"焊接"命令的功能相反。只需要对选中的点执行"断开连接"命令，就可以分别生成两个点，改变样条线的样式，如图2-58所示。

图2-58

5.刚性插值/柔性插值

"刚性插值"命令用于将贝塞尔点变为角点，而"柔性插值"命令则相反，用于将角点变为贝塞尔点，如图2-59所示。

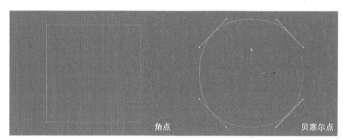

图2-59

6.设为起点

仔细观察样条线会发现样条线是由白色到蓝色的渐变线条，如图2-60所示。其中，白色的一端表示起点，蓝色的一端表示终点。

样条线的起点和终点在建模的时候基本没有什么影响，但在做路径动画时十分重要。选中要成为起点的点，然后单击鼠标右键，在弹出的快捷菜单中选择"点顺序>设为起点"命令，就可以将该点变为起点，如图2-61所示。

图2-60　　　　　　　　　　　　　　　　　图2-61

案例实训：制作创意文字霓虹灯

案例文件	案例文件>CH02>案例实训：制作创意文字霓虹灯
视频名称	案例实训：制作创意文字霓虹灯.mp4
学习目标	学习样条线模型的创建方法和思路

运用样条线也可以像内置几何体一样制作出丰富的模型，而且会更加灵活。本案例运用样条线和下一节要讲的生成器制作创意文字霓虹灯模型，如图2-62所示。制作好的模型不仅可以延伸为动画，也可以在电商设计中应用。

图2-62

01 使用"文本样条"工具 T 文本样条 创建一个文本样条，设置"文本样条"为2023，"字体"为091-CAI978，如图2-63所示。

> **提示** - >
>
> 读者的计算机中若没有安装该字体，可以选择其他相似的字体，也可以选择自己认为好看的字体。

图2-63

02 使用"样条画笔"工具 沿着文本样条的外轮廓绘制样条，形成一笔成型的效果，如图2-64所示。这一步的制作较为烦琐，需要读者耐心绘制。为了方便控制，最好在正视图中绘制样条。

03 使用"圆环"工具 ○ 圆环 在场景中绘制一个"半径"为5cm的圆环，如图2-65所示。这个圆环将作为霓虹灯灯管的剖面。

04 长按"细分曲面"按钮 ，在弹出的面板中单击"扫描"按钮 ，如图2-66所示。

图2-64

图2-65

图2-66

05 在"对象"面板中将"圆环"和"样条"两个对象移动到"扫描"对象的子层级中，如图2-67所示。扫描后的模型效果如图2-68所示。

图2-67

图2-68

> **提示** - >
>
> 单击"文本样条"右侧的 图标，将其变成 图标，就可以在视图窗口中隐藏创建的文本样条。

06 观察模型，会发现灯管比较粗，尤其是0的部分模型挤在一起。选中"圆环"对象，调整"半径"为3cm，案例最终效果如图2-69所示。

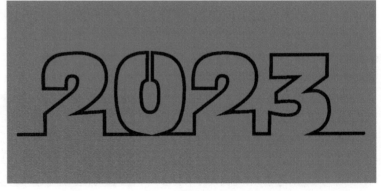

图2-69

2.4 生成器建模

生成器是Cinema 4D建模中非常重要的部分，使用生成器可以快速地完成一些复杂的操作。生成器可以用在内置几何体上，也可以用在样条线上。生成器作为对象的父层级使用，其图标为绿色，如图2-70所示。本节将讲解日常工作中常用的生成器。

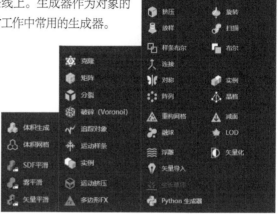

图2-70

2.4.1 细分曲面

"细分曲面"生成器 是一个使用频率很高的生成器，经常用在建模的最后一步，将模型整体倒角。下面介绍该生成器的使用方法。

第1步： 使用"立方体"工具 创建一个立方体模型，并设置"分段X""分段Y""分段Z"都为3，效果如图2-71所示。

第2步： 单击"细分曲面"按钮 ，在"对象"面板中将"立方体"对象拖曳到"细分曲面"对象的子层级中，如图2-72所示。此时视图窗口中的立方体也会变成倒角后的形态，如图2-73所示。

图2-71

图2-72

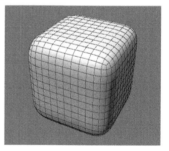

图2-73

📝 提示 --- ⟩

在选中"立方体"对象的状态下，按住Alt键并单击"细分曲面"按钮 ，"立方体"对象会自动成为"细分曲面"对象的子层级，生成倒角效果。

第3步： 在"对象"面板选中"立方体"对象，然后修改"分段X""分段Y""分段Z"都为6，会发现视图窗口中的立方体倒角变小，如图2-74所示。通过对比第2步和第3步的立方体可以发现，当立方体的分段线之间的距离越小时，倒角的角度也越小。

图2-74

2.4.2 布料曲面

"布料曲面"生成器  是为单面模型增加细分和厚度的工具。布料曲面及其"属性"面板如图2-75所示。

调整"细分数"的数值，可以增大或减小模型上的布线密度。修改"厚度"的数值可以调整模型整体的厚度，对单面模型非常有用。例如，在模拟布料时常使用"平面"工具 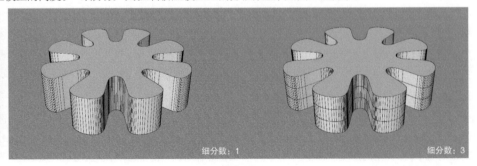，模拟完成后再添加"布料曲面"生成器 以增加布料的厚度，如图2-76所示。

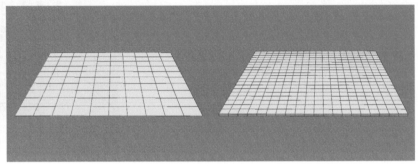

图2-75　　　　　　　　　　　　　　　　图2-76

2.4.3 挤压

"挤压"生成器 用于样条线，可以将二维的线条转换为三维模型，如图2-77所示。其"属性"面板中的"对象""封盖""选集"选项卡，如图2-78所示。

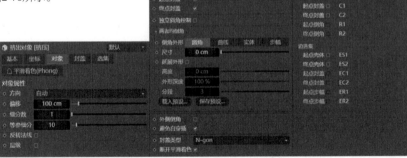

图2-77　　　　　　　　　　　　　　　　图2-78

在"方向"下拉菜单中可以选择挤压模型的方向，如图2-79所示。默认情况下保持"自动"选项即可，如果挤压的模型方向不合适，再在"方向"下拉菜单中选择相应的方向。

"偏移"控制挤压模型的高度。"细分数"则控制挤压模型上的分段数量，如图2-80所示。

图2-79　　　　　　　　　　　　　　　　图2-80

默认情况下，挤压的模型处于封闭状态。取消勾选"起点封盖"和"终点封盖"复选框，挤压的模型会变为镂空效果，如图2-81所示。

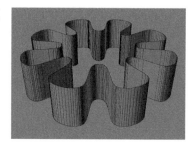

图2-81

调整"倒角外形"的类型，可以更改挤压模型的倒角效果，如图2-82所示。"尺寸"控制倒角的大小。

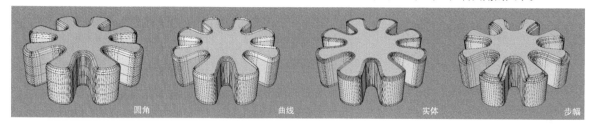

图2-82

利用"多边形选集"能快速对挤压后的模型进行按区域添加材质，如图2-83所示。

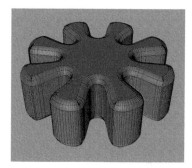

图2-83

2.4.4 旋转

"旋转"生成器 ◆旋转 类似于3ds Max中的"车削"工具，可以将绘制的样条线按照轴向旋转任意角度，从而形成三维模型，如图2-84所示。下面介绍"旋转"生成器 ◆旋转 的使用方法。

第1步： 用"样条画笔"工具 或内置样条线图形绘制要生成模型的剖面，如图2-85所示。

第2步： 添加"旋转"生成器 ◆旋转 ，在"对象"面板中将绘制的剖面作为其子层级，如图2-86所示。视图窗口中的样条线就会生成相应的三维模型，如图2-87所示。

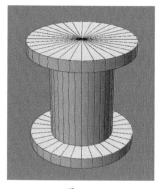

图2-84

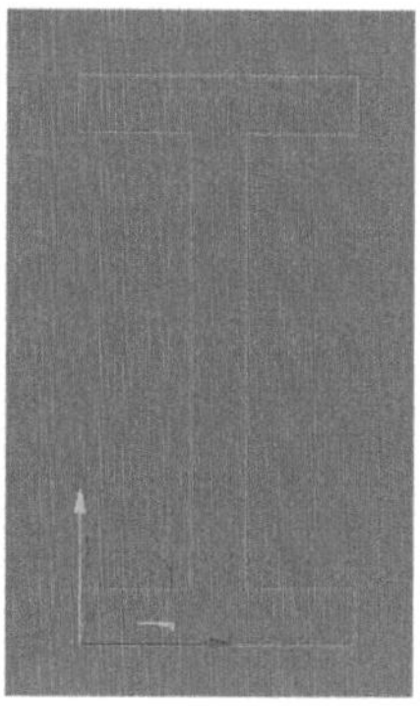

图2-85

图2-86

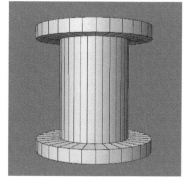

图2-87

在"对象"面板中选中样条线,然后在视图窗口中移动样条线,能改变生成模型的粗细,如图2-88所示。

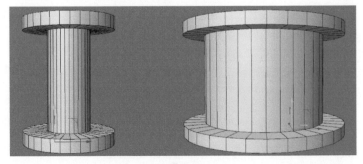

📝 提示 ----------------------------------->

在"属性"面板中修改"细分数"的数值,可以调整生成模型的曲面圆滑程度。"细分数"的用法与圆柱体的"旋转分段"类似。

图2-88

2.4.5 扫描

"扫描"生成器 🔗扫描 用于使一个图形按照另一个图形的路径生成三维模型,是使用频率很高的生成器,如图2-89所示。下面介绍"扫描"生成器 🔗扫描 的使用方法。

第1步:使用"样条画笔"工具 🖊 或内置样条线图形绘制路径样条线,如图2-90所示。

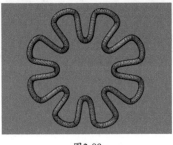

图2-89 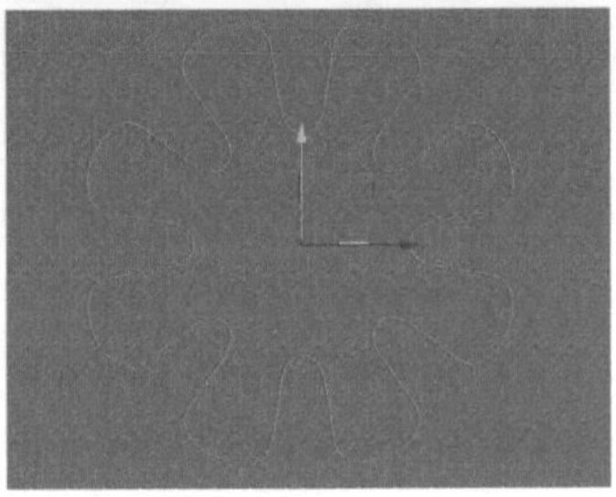　　　　　　　　　图2-90

第2步:使用"样条画笔"工具 🖊 或内置样条线图形绘制剖面样条线,如图2-91所示。

第3步:添加"扫描"生成器 🔗扫描 ,将之前绘制的两条样条线作为其子层级,如图2-92所示。视图窗口中会生成相应的三维模型,如图2-93所示。

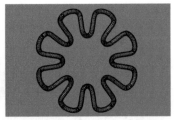

图2-91　　　　　　　　　图2-92　　　　　　　　　图2-93

📝 提示 ----------------------------------->

在"扫描"生成器 🔗扫描 的子层级中,第1条样条线代表剖面样条线,第2条样条线代表路径样条线,如图2-94所示。如果调换两者的位置,会生成不一样的模型。

图2-94

2.4.6 样条布尔

对于一些复杂的需要镂空的样条线,可以使用"样条布尔"生成器 🔲 样条布尔 ,对多条样条线进行计算,生成新的样条线,如图2-95所示。该生成器的"属性"面板如图2-96所示。下面介绍具体的操作步骤。

图2-95 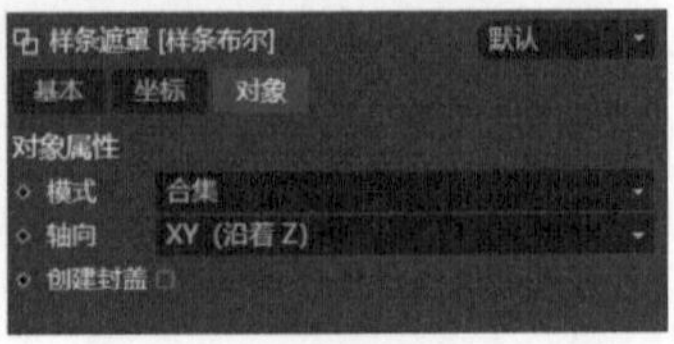　　　　　　　　　图2-96

第1步： 使用"样条画笔"工具 或内置样条线图形绘制两条样条线，如图2-97所示。

第2步： 添加"样条布尔"生成器 ，将上一步绘制的两条样条线放置于"样条布尔"对象的子层级，如图2-98所示。视图窗口中的两条样条线会自动进行合并，只显示合并后的外轮廓，如图2-99所示。

图2-97   图2-98   图2-99

第3步： 在"属性"面板中展开"模式"下拉菜单，可以选择不同的样条计算方式，如图2-100所示。相应的效果如图2-101所示。

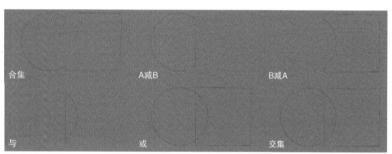

图2-100   图2-101

☑ 提示 -- ＞

应用"或"和"交集"模式的样条线效果一致，但添加"挤压"生成器 生成三维模型后，能明显观察到两者的区别，如图2-102所示。

图2-102

2.4.7 布尔

"布尔"生成器 可以对两个三维模型进行相加、相减、交集和补集的计算。下面介绍该生成器的操作方法。

第1步： 创建立方体和球体，并使它们有一定的重合，如图2-103所示。

第2步： 添加"布尔"生成器 ，将上一步创建的两个模型放置于"布尔"对象的子层级，如图2-104所示。视图窗口中的立方体会消失，并且球体与立方体相交的部分也会消失，如图2-105所示。

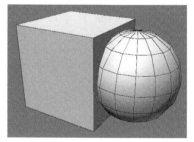

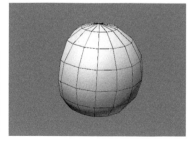

图2-103   图2-104   图2-105

第3步： 在"属性"面板中展开"布尔类型"下拉菜单，在其中可以切换不同的布尔模式，如图2-106所示。相应的效果如图2-107所示。

图2-106

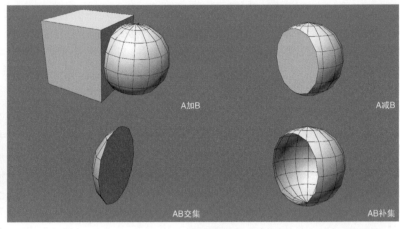

图2-107

📋 提示 ······

在"对象"面板中，"布尔"对象子层级中的第1个对象是A对象，第2个对象是B对象，如图2-108所示。如果发现计算后的模型效果不是自己预期的，可以试试调整两个对象的排序。

图2-108

2.4.8 晶格

"晶格"生成器 ⚙️晶格 与3ds Max中的晶格工具一样，都是根据模型的布线生成网格模型，其"属性"面板如图2-109所示。下面介绍该生成器的具体使用方法。

第1步： 在场景中新建一个立方体模型，并增加模型的分段线，如图2-110所示。

第2步： 添加"晶格"生成器 ⚙️晶格，将"立方体"对象作为其子层级，如图2-111所示。视图窗口中的立方体变成晶格效果，如图2-112所示。

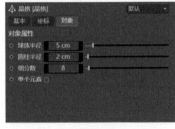

图2-109

图2-110

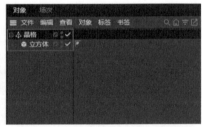

图2-111

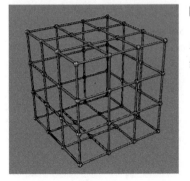

图2-112

📋 提示 ······

"球体半径"控制交汇点的球体大小，"圆柱半径"则控制边的圆柱粗细。当"球体半径"与"圆柱半径"相同时，便会隐藏球体，形成纯网格效果，如图2-113所示。

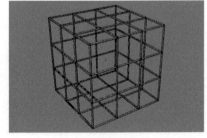

图2-113

2.4.9 减面

"减面"生成器 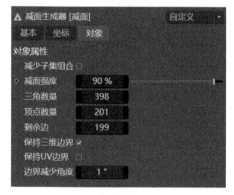 可以将模型的面数减少,其"属性"面板如图2-114所示。该生成器与"置换"变形器 配合使用,可以制作低多边形风格的模型。

"减面强度"控制模型减少面数的强度,数值越大,模型的面越少,如图2-115所示。

图2-114

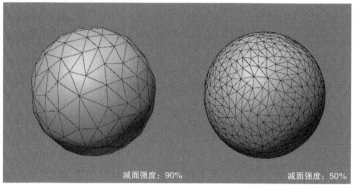

减面强度:90%   减面强度:50%

图2-115

☑ 提示 --

调整"减面强度"的数值时,下方的"三角数量""顶点数量""剩余边"的数值会同时更改,这4个数值是相互关联的。

2.4.10 融球

"融球"生成器 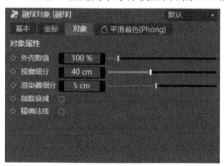 可以将多个模型相融,从而形成粘连的效果,其"属性"面板如图2-116所示。下面讲解具体操作方法。

第1步:新建两个球体模型,如图2-117所示。

图2-116

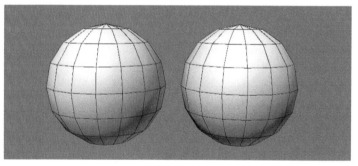

图2-117

第2步:添加"融球"生成器 ,将两个球体对象都作为"融球"对象的子层级,如图2-118所示。视图窗口中两个球体之间会形成粘连的效果,如图2-119所示。

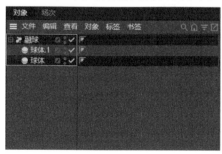

图2-118

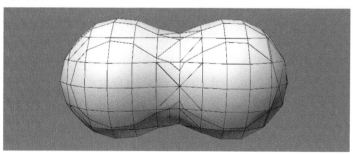

图2-119

第3步：当移动其中一个球体时，粘连的部分会慢慢拉长，且拉长到一定程度后会断裂，如图2-120所示。

第4步：调整"融球"的"外壳数值"参数，该参数越大，球体的融合部分越少，如图2-121所示。

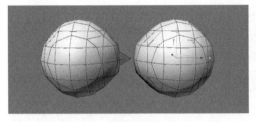

图2-120

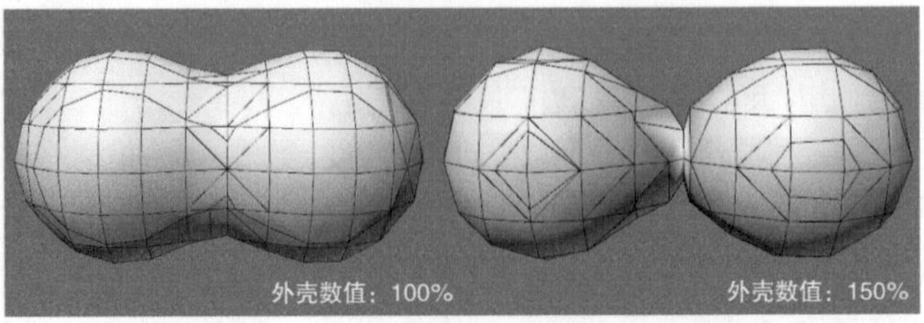

外壳数值：100%　　　外壳数值：150%

图2-121

第5步：调整"视窗细分"的数值，就能在视图窗口中直观地看到球体模型上细分面的增加或减少，如图2-122所示。

视窗细分：40cm　　　视窗细分：80cm

图2-122

📝 提示 --- ❯

在调整"外壳数值"时，不要一次性将该数值调得过小，最好一点一点地将其调小，让软件可以及时响应并显示更改后的效果。如果一次性调得过小，会导致模型上的面过多，软件产生卡顿，甚至意外退出。

软件计算模型的大小根据模型本身的面数而定。即便是一个很小很小的模型，如果拥有几百万个面，在保存时模型文件也会非常大。在一个场景中，如果场景整体的面数非常多，软件在计算响应上会相对变慢，配置一般的计算机会频繁地产生卡顿现象。

2.4.11 克隆

"克隆"生成器 ⬛克隆 可以将对象按照设定的方式进行复制。可以有规律地复制，也可以随机地复制。"克隆"生成器 ⬛克隆 使用频率很高，读者需要重点掌握，其"属性"面板如图2-123所示。下面详细讲解其使用方法。

第1步：在场景中创建一个立方体模型，如图2-124所示。

第2步：添加"克隆"生成器 ⬛克隆，将"立方体"对象作为其子层级，如图2-125所示。视图窗口中会出现立方体的阵列效果，如图2-126所示。

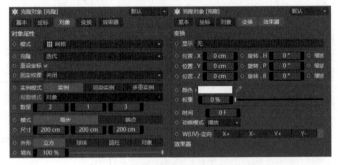

图2-123

图2-124

图2-125

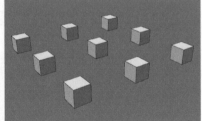

图2-126

第3步：展开"模式"下拉菜单，在其中可以选择不同的克隆模式，如图2-127所示。相应的效果如图2-128所示。

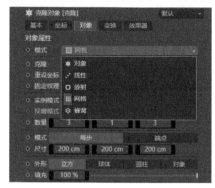

图2-127

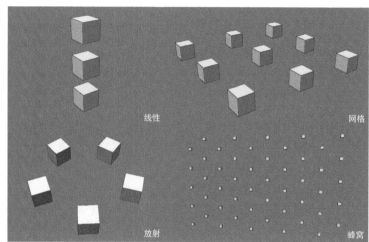

图2-128

第4步：可以发现选择"对象"模式后画面中的模型会消失。创建一个球体模型，设置克隆"模式"为"对象"，然后将"对象"面板中的"球体"对象拖曳到"属性"面板的"对象"通道中，如图2-129所示。视图窗口中立方体附着在球体表面，如图2-130所示。

第5步：展开"分布"下拉菜单，在其中可以选择不同的分布方式，如图2-131所示。相应的效果如图2-132所示。

图2-129

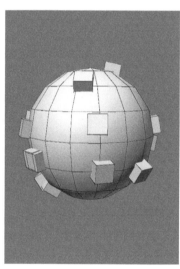

图2-130

图2-131

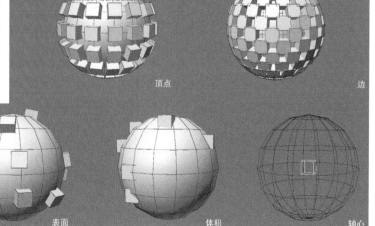

图2-132

第6步：在"变换"选项卡中，调整3个旋转参数能改变克隆后模型个体的旋转效果，如图2-133所示。

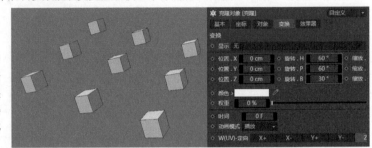

☑ 提示 ------------------------->

　　"克隆"生成器 ^{克隆} 的功能十分强大，配合不同的效果器，能产生非常丰富的变化。无论是制作静帧图片，还是制作动画，"克隆"生成器 ^{克隆} 都能发挥作用，因此读者必须重点掌握此生成器。

图2-133

2.4.12 破碎（Voronoi）

　　"破碎（Voronoi）"生成器 ^{破碎 (Voronoi)} 可以将一个完整的对象随机分裂为多个碎片，通常需要配合动力学工具实现破碎效果，其"属性"面板如图2-134所示。下面介绍其使用方法。

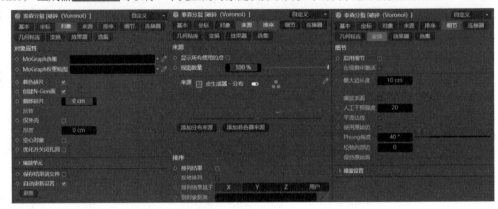

图2-134

　　第1步：使用"球体"工具 ^{球体} 和"地板"工具 ^{地板} 创建一个简单的场景，球体与地板之间有一定的距离，如图2-135所示。

　　第2步：添加"破碎（Voronoi）"生成器 ^{破碎 (Voronoi)}，将"球体"对象作为其子层级，如图2-136所示。可以观察到球体从原有的白色变成多种颜色覆盖的效果，如图2-137所示。

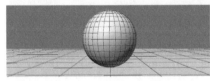

图2-135

图2-136

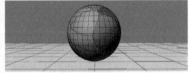

图2-137

☑ 提示 --->

　　球体上的每一个色块代表破碎后的一个碎片。

　　第3步：选中"破碎（Voronoi）"对象，在"来源"选项卡中单击"点生成器-分布"选项，下方会出现"点数量"选项，默认值为20，如图2-138所示。

图2-138

第4步： 设置"点数值"为40，可以观察到视图窗口中球体表面的色块增加，如图2-139所示。

第5步： 随意调整"种子"的数值，可观察到球体表面的色块随机产生形态和位置的改变，如图2-140所示。

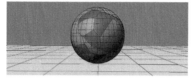

图2-139

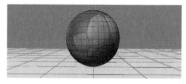

图2-140

第6步： 在"对象"面板选中"破碎（Voronoi）"对象并单击鼠标右键，在弹出的快捷菜单中选择"子弹标签>刚体"命令，如图2-141所示。

第7步： 选中"地板"选项并单击鼠标右键，在弹出的快捷菜单中选择"子弹标签>碰撞体"命令，如图2-142所示。

第8步： 按F8键模拟碰撞效果，可以观察到球体在与地面接触后碎裂，如图2-143所示。

图2-141

图2-142

图2-143

2.4.13 体积生成

"体积生成"生成器■可以将多个对象合并为一个新的对象，但这个对象不能被渲染。"体积生成"可以理解为一种高级的布尔运算，生成的模型效果更好，布线也更均匀，图2-144所示是其"属性"面板。

在"属性"面板中，作为"体积生成"的子层级的模型会自动显示在"对象"中，除了底层的对象，其余的对象会有"模式"菜单，在其中可以选择与底层进行哪种运算，如图2-145所示。相应的效果如图2-146所示。

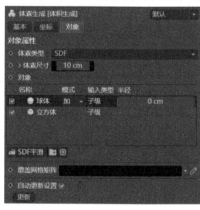

图2-144

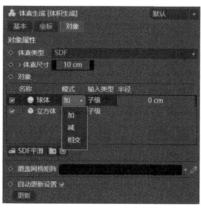

图2-145

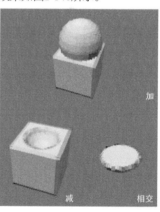

图2-146

可以明显感受到，这3种模式就是布尔运算模式。现有的模型外表很粗糙，边缘轮廓也不清晰，降低"体素尺寸"的数值，模型的边缘会变清晰，如图2-147所示。

单击"SDF平滑"按钮■ SDF平滑，可以让模型的边缘变得圆润，如图2-148所示。

📑 提示 ------------------------------→

相比于用"布尔"生成器■布尔制作的模型，用"体积生成"生成器■制作的模型会更加细腻。不仅免去了倒角操作，也减少了布线杂乱的问题。

图2-147

图2-148

2.4.14 体积网格

"体积生成"生成器 所制作的模型不能被渲染，如果要渲染该模型，就必须再添加"体积网格"生成器 ，如图2-149所示。模型效果如图2-150所示。

📝 提示 - ▷

默认情况下，不需要调整"体积网格"的参数。

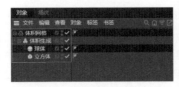

图2-149

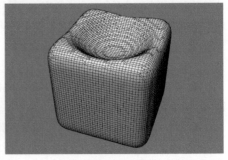

图2-150

案例实训：制作618电商背景

案例文件　　案例文件>CH02>案例实训：制作618电商背景
视频名称　　案例实训：制作618电商背景.mp4
学习目标　　学习生成器建模的方法和思路

电商背景是Cinema 4D建模中的常见类型。本案例制作一款618主题电商背景，效果如图2-151所示。

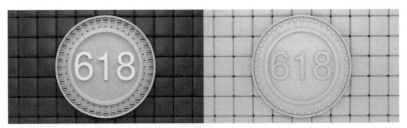

图2-151

01 使用"圆柱体"工具 创建一个圆柱体模型，设置"半径"为100cm，"高度"为10cm，"高度分段"为3，"分段"为5，如图2-152所示。

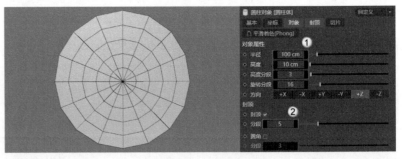

图2-152

02 添加"细分曲面"生成器 ，将"圆柱体"对象移动到"细分曲面"对象的子层级中，如图2-153所示。模型效果如图2-154所示。

03 使用"圆环"工具 创建一个"半径"为70cm的圆环样条线，如图2-155所示。

图2-153

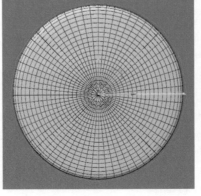

图2-154

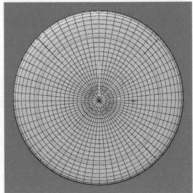

图2-155

04 使用"矩形"工具 ▢ 矩形 创建一个"宽度"为7cm、"高度"为5cm、"半径"为1cm的圆角矩形，然后添加"扫描"生成器 🖊扫描，与上一步绘制的圆环样条线一起扫描，如图2-156所示。效果如图2-157所示。

05 仔细观察圆环模型，会发现曲面上有很多棱角并不是很圆滑。选中"圆环"对象，调整"点插值方式"为"自动适应"，视图窗口中的圆环模型曲面会变得圆滑，如图2-158所示。

图2-156

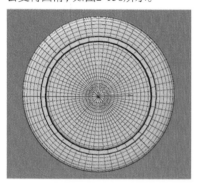

图2-157

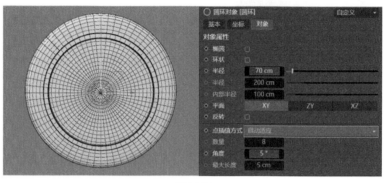

图2-158

☑ 提示 --->

"点插值方式"可以调整样条线点的分布情况。其下拉菜单如图2-159所示。

无：点会以最简单的方式分布，一般情况下很少选择该命令，如图2-160所示。

自然：点的分布会增加，但曲面还是会有不圆滑的情况，如图2-161所示。

图2-159

图2-160

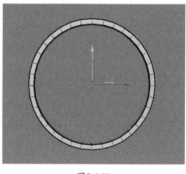

图2-161

统一：点的分布更加均匀，但曲面还是会有不圆滑的情况，如图2-162所示。

自动适应：点的分布会增加更多，曲面也会变得圆滑，如图2-163所示。

细分：点的分布会增加更多，曲面也会变得圆滑，如图2-164所示。"细分"与"自动适应"均可用于增加点，但这两个参数的算法不同。

图2-162

图2-163

图2-164

在建模时，灵活设置"点插值方式"能让模型快速达到想要的效果。

06 使用"圆环"工具 ⭕ 圆环 绘制一个"半径"为96cm的圆环样条线，如图2-165所示。

07 使用"圆环"工具 ⭕ 圆环 绘制"半径"为2cm的圆环样条线，然后与上一步创建的圆环样条线一起扫描，模型效果如图2-166所示。

08 使用"球体"工具 🔵 球体 创建一个"半径"为5cm的半球体，如图2-167所示。

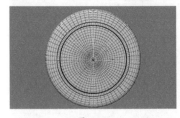 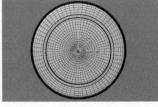 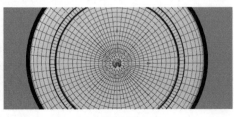

图2-165　　　　　　　　　图2-166　　　　　　　　　图2-167

09 添加"克隆"生成器 ❀ 克隆 ，将上一步创建的半球体移动到其子层级中。设置"模式"为"放射"，"数量"为40，"半径"为90cm，"平面"为XY，"旋转.P"为90°，如图2-168所示。模型效果如图2-169所示。

 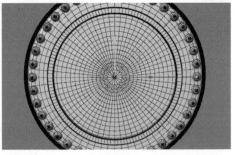

图2-168　　　　　　　　　　　　　　　　　图2-169

10 将步骤09中克隆的球体整体复制一个，然后修改球体的"半径"为2cm，"克隆"生成器 ❀ 克隆 的"半径"为78cm，模型效果如图2-170所示。

11 使用"文本样条"工具 T 文本样条 在画面中创建"618"的样条文字，如图2-171所示。

☑ 提示 - ⟩

文本样条的字体这里不规定，本例使用的字体是NimbusSanL。

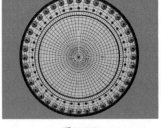 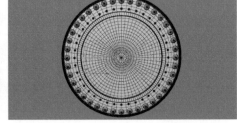

图2-170　　　　　　　　　图2-171

12 添加"挤压"生成器 🔷 挤压 ，将上一步创建的文本样条移动到其子层级中，设置"挤压"生成器 🔷 挤压 的"偏移"为3cm、"尺寸"为1cm，如图2-172所示。修改后的模型如图2-173所示。

图2-172　　　　　　　　　　　　　　　　　图2-173

☑ 提示 - ⟩

步骤11和步骤12可以替换为用"文本"工具 T 文本 直接创建文本模型。用上面的方法是为了演示"挤压"生成器 🔷 挤压 的使用方法。读者在制作这一效果时，两种方法都可以尝试。

13 使用"立方体"工具 ⚙立方体 创建一个"尺寸.X""尺寸.Y""尺寸.Z"都为40cm、"圆角半径"为5cm的立方体模型,然后添加"克隆"生成器 ✱克隆,设置"数量"为11和7,"尺寸"为40cm和40cm,如图2-174所示。案例最终效果如图2-175所示。

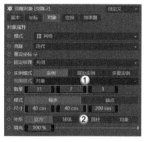

图2-174

图2-175

2.5 变形器建模

Cinema 4D自带的变形器的图标是紫色的,使用时位于对象的子层级或平级,如图2-176所示。变形器通常用于改变参数化对象的形态,形成扭曲、倾斜和旋转等效果。本节将讲解常用的变形器。

弯曲	融化	样条	膨胀	挤压&伸展	f= 公式
斜切	颤动	样条约束	锥化	收缩包裹	点缓存
扭曲	碰撞	置换	摄像机	Delta Mush	
FFD	球化	变形	网格	表面	
修正	平滑	风力	爆炸FX	导轨	
爆炸	包裹	倒角	碎片		

图2-176

2.5.1 弯曲

"弯曲"变形器 ◐弯曲 可以对模型进行任意角度的弯曲,其"属性"面板如图2-177所示。下面介绍具体使用方法。

第1步: 使用"立方体"工具 ⬜立方体 创建一个立方体模型,并增大"分段Y"的数值,效果如图2-178所示。

第2步: 添加"弯曲"变形器 ◐弯曲,并放在"立方体"对象的子层级中,如图2-179所示。在视图窗口中会观察到立方体的周围出现紫色的控制器,如图2-180所示。

图2-177

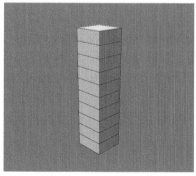

图2-178

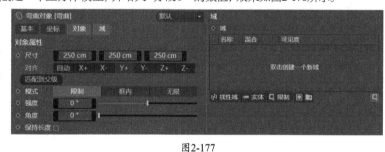

图2-179

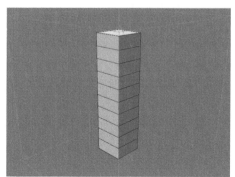

图2-180

📋 提示 --

在选中"立方体"对象的状态下,按住Shift键并单击"弯曲"按钮 ◐弯曲,可以快速将其添加到"立方体"的子层级中。

第3步： 在"弯曲"变形器 ⚙️弯曲 的"属性"面板中单击"匹配到父级"按钮，紫色的控制器会自动按照立方体的大小进行更改，如图2-181所示。

第4步： 调整"强度"的数值，可以让立方体形成弯曲的效果，如图2-182所示。

第5步： 调整"角度"的数值，可以让立方体模型朝不同的角度弯曲，如图2-183所示。

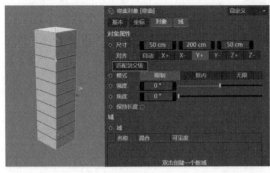 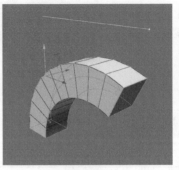 

图2-181 　　　　　　　　　　　图2-182 　　　　　　　　　　图2-183

2.5.2 膨胀

"膨胀"变形器 ⚙️膨胀 可以让模型局部放大或缩小，其"属性"面板如图2-184所示。下面介绍具体使用方法。

第1步： 使用"立方体"工具 🧊立方体 创建一个立方体模型，并增大"分段Y"的数值，效果如图2-185所示。

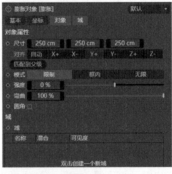 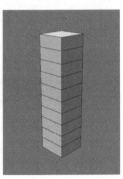

图2-184 　　　　　　　　　图2-185

第2步： 添加"膨胀"变形器 ⚙️膨胀 到"立方体"对象的子层级中，如图2-186所示。立方体的周围会出现紫色的控制器，如图2-187所示。

第3步： 在"膨胀"变形器 ⚙️膨胀 的"属性"面板中单击"匹配到父级"按钮，使控制器与立方体一样大，如图2-188所示。

图2-186 　　　　　　　　　图2-187

第4步： 当"强度"的数值小于0%时，立方体会向内收缩；当"强度"的数值大于0%时，立方体会向外膨胀，如图2-189所示。

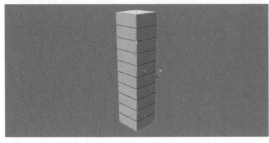 

图2-188 　　　　　　　　　　　　图2-189

第5步: 默认情况下,"弯曲"为100%,模型无论是收缩还是膨胀都会圆滑过渡。当设置"弯曲"为0%时,就会出现带有棱角的过渡效果,如图2-190所示。

第6步: 勾选"圆角"复选框,模型会在首尾两端尽量保持原有的效果,只在中心位置产生收缩或膨胀,如图2-191所示。

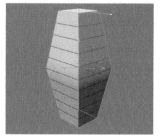

图2-190　　　　　　图2-191

2.5.3 锥化

"锥化"变形器 可以让模型部分缩小或放大,其"属性"面板如图2-192所示。下面介绍具体使用方法。

第1步: 使用"圆柱体"工具 新建一个圆柱体模型,并增大"高度分段"的数值,效果如图2-193所示。

第2步: 添加"锥化"变形器 到"圆柱体"对象的子层级中,如图2-194所示。圆柱体的周围会出现紫色的控制器,如图2-195所示。

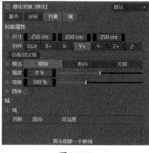
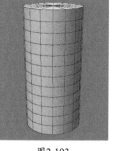

图2-192　　　　　　图2-193

第3步: 在"锥化"变形器 的"属性"面板中单击"匹配到父级"按钮,控制器会收缩到圆柱体的周围,如图2-196所示。

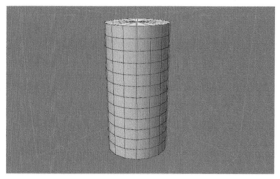
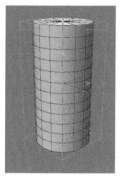

图2-194　　　　　　图2-195　　　　　　图2-196

第4步: 当"强度"的数值小于0%时,圆柱的顶部会向外放大;当"强度"的数值大于0%时,圆柱的顶部会向内缩小,如图2-197所示。

第5步: 调整"弯曲"的数值,会让圆柱体呈现直线到曲线的变化效果,如图2-198所示。

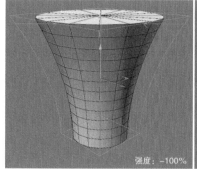
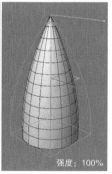
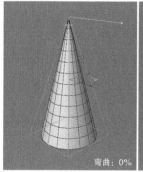
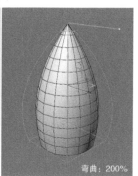

图2-197　　　　　　图2-198

2.5.4 扭曲

"扭曲"变形器 ⊘ 扭曲 可以让模型自身形成扭曲旋转效果,其"属性"面板如图2-199所示。下面介绍具体使用方法。

第1步: 使用"立方体"工具 ⊕ 立方体 创建一个立方体模型,并增大"分段Y"的数值,效果如图2-200所示。

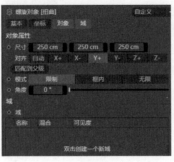 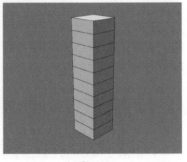

图2-199　　　　　　　　　　　　　图2-200

第2步: 添加"扭曲"变形器 ⊘ 扭曲 到"立方体"对象的子层级中,如图2-201所示。立方体的周围出现紫色的控制器,如图2-202所示。

第3步: 单击"匹配到父级"按钮后,调整"角度"数值,可以观察到立方体扭曲了,如图2-203所示。

 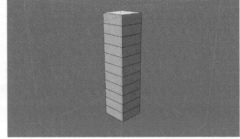 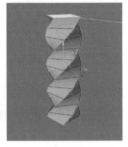

图2-201　　　　　　　　　　图2-202　　　　　　　　　　图2-203

2.5.5 FFD

FFD变形器 ⊡ FFD 比前面介绍的4种变形器灵活,可以通过控制器调整模型至任意形态,其"属性"面板如图2-204所示。下面介绍具体使用方法。

第1步: 使用"立方体"工具 ⊕ 立方体 新建一个立方体模型,如图2-205所示。

第2步: 添加FFD变形器 ⊡ FFD 到"立方体"对象的子层级中,如图2-206所示。模型的周围会出现晶格控制器,如图2-207所示。

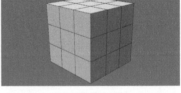

图2-204　　　　　　　　　　　　　图2-205

第3步: 切换到"点"模式 ⊙ ,在该模式下可以选中晶格上的点并移动,同时修改包裹着的立方体模型的控制器的形态,如图2-208所示。

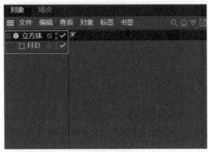 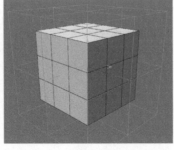 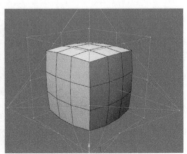

图2-206　　　　　　　　　　图2-207　　　　　　　　　　图2-208

第4步：在"属性"面板中可以增加或减少晶格上点的数量，如图2-209所示。

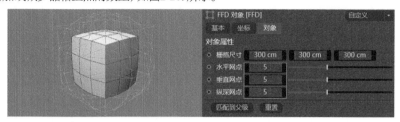

> 提示 ------------------ >
>
> 晶格上的点越多，同时模型的布线越多，控制模型的变形会越精细。

图2-209

2.5.6 样条约束

"样条约束"变形器 样条约束 能让模型按照设定的样条线进行变形并运动，其"属性"面板如图2-210所示。下面讲解具体使用方法。

第1步：使用"胶囊"工具 胶囊 创建一个胶囊模型，并增大"高度分段"的数值，效果如图2-211所示。

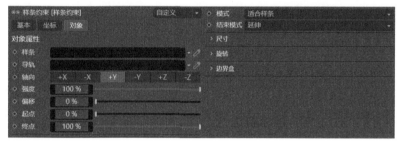

图2-210

第2步：使用"圆环"工具 圆环 创建一条圆环样条线，如图2-212所示。

第3步：添加"样条约束"变形器 样条约束 到"胶囊"对象的子层级中，如图2-213所示。此时视图窗口中的模型没有产生任何变化。

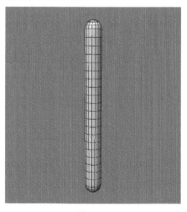

图2-211

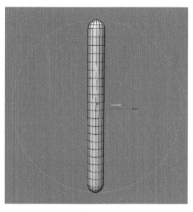

图2-212

图2-213

第4步：切换到"样条约束"变形器 样条约束 的"属性"面板，将"对象"面板中的"圆环"对象向下拖曳到"样条"通道中形成关联，如图2-214所示。视图窗口中的胶囊模型会沿着圆环围绕一圈，如图2-215所示。

> 提示 ------------------ >
>
> 如果胶囊模型围绕圆环的效果与预期的有差异，可在"轴向"中选择不同的选项，同时观察视图窗口以选择合适的轴向。

图2-214

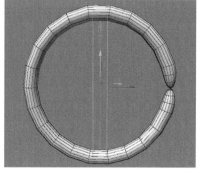

图2-215

第5步：调整"偏移"的数值，能更改胶囊模型首尾相接处的位置，如图2-216所示。

第6步：调整"起点"的数值，能显示胶囊在圆环上生长的状态，如图2-217所示。为该参数添加关键帧后就能制作生长动画。

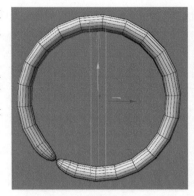
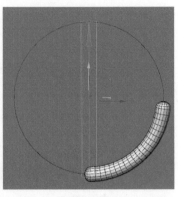

图2-216　　　　　　　　　　　　　图2-217

第7步：胶囊模型附着在圆环样条线上后，不可避免地会被拉伸。在"模式"下拉菜单中选择"保持长度"命令，就能让胶囊模型以原有的长度附着在圆环上，如图2-218所示。

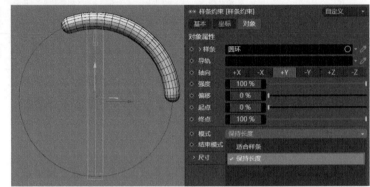

图2-218

2.5.7 置换

"置换"变形器 置换 可以通过加载的贴图改变模型的形状，如图2-219所示。"置换"变形器 置换 常与"减面"生成器 减面 配合来制作低多边形风格的模型。

添加"置换"变形器 置换 到对象的子层级后，模型不会产生变化，需要在"着色器"通道中加载贴图才能有变化效果，如图2-220所示。加载的贴图常用软件自带的"噪波"贴图，也可以加载外部贴图。在"对象"选项卡中，设置"高度"的数值能控制置换变形的强度，如图2-221所示。

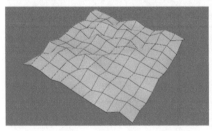

图2-219　　　　　　　　　图2-220　　　　　　　　　图2-221

案例实训：制作低多边形小景

案例文件	案例文件>CH02>案例实训：制作低多边形小景
视频名称	案例实训：制作低多边形小景.mp4
学习目标	学习变形器建模的方法和思路

低多边形风格的模型常常运用在游戏、电商海报等行业中。本案例制作一个低多边形风格的场景，需要先单独制作每个景物，然后再拼合为一个整体，效果如图2-222所示。

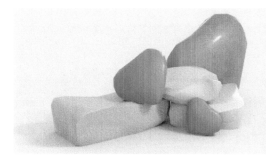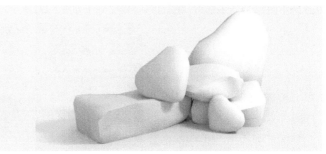

图2-222

01 使用"圆环"工具 ○ 圆环 在场景中创建一个圆环样条线，设置"点插值方式"为"自然"、"数量"为1，如图2-223所示。

02 将圆环样条线复制一份并将新圆环样条线放在右侧，如图2-224所示。

03 使用"矩形"工具 □ 矩形 创建一个矩形样条线，旋转45°后放在两个圆环的下方，大致形成一个心形，如图2-225所示。

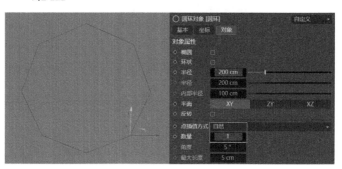

图2-223

04 添加"样条布尔"生成器 □ 样条布尔 ，将3条样条线放在其子层级中，就可以生成心形样条线，如图2-226所示。

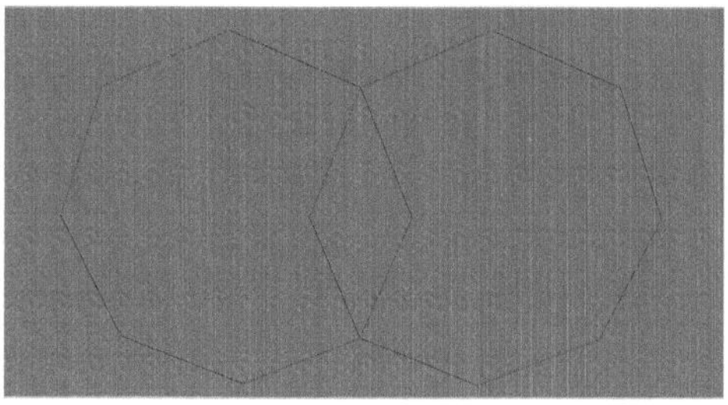

图2-224

图2-225

图2-226

05 添加"挤压"生成器 □ 挤压 ，将"样条布尔"对象放在其子层级中，设置"偏移"为0cm，就能生成心形的面片，如图2-227所示。

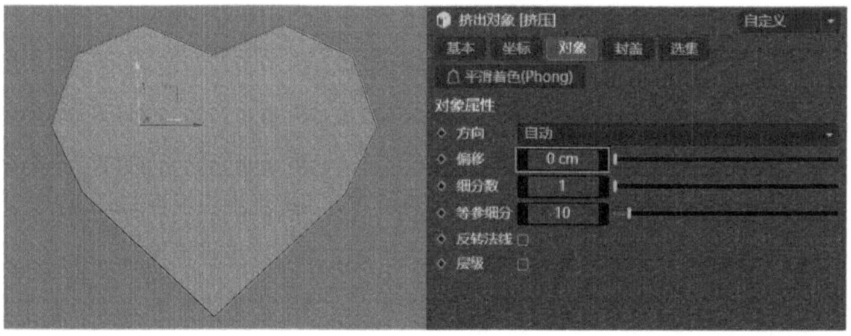

图2-227

06 在"对象"面板中选中"挤压"对象并单击鼠标右键，在弹出的快捷菜单中选择"连接对象+删除"命令，如图2-228所示。所有的对象塌陷为一个整体，成为可编辑对象，如图2-229所示。

07 单击"点"按钮 ，切换到"点"模式，效果如图2-230所示。

图2-228

图2-229

图2-230

08 选中图2-231所示的点，然后将其删除，效果如图2-232所示。

 提示 ························ >

　　删除多余的点方便后面的制作。

图2-231　　　　　　　　　　　　　　　图2-232

09 单击工具栏2中的"线性切割"工具，然后连接点生成新的边，如图2-233所示。

提示 ································· >

　　添加一条线段后，按Esc键即可取消。添加线段后，可以观察到每一个面都是四边面，这样便于后续制作。

图2-233

10 返回到"模型"模式并添加"对称"生成器，设置"镜像平面"为XY，然后选中模型并将其移动一段距离，中间的空隙代表心形模型的厚度，如图2-234所示。

11 单击"边"按钮进入"边"模式，先按U键再按Q键切换到"轮廓选择"方式，然后选中心形的外轮廓边，如图2-235所示。

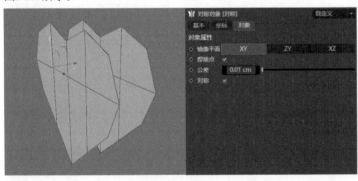 

图2-234　　　　　　　　　　　　　　　图2-235

12 按住Ctrl键，然后使用"移动工具"向内拖动，挤出新的面，使两个对称的心形模型拼合，如图2-236所示。

13 保持选中的边不变，使用"缩放工具"向外扩大一些，如图2-237所示。

提示 ································· >

　　将"对称"生成器的"公差"设置为1cm，可以让两个对称的模型拼合得更加紧密，避免出现模型交错或有缝隙的情况，如图2-238所示。这个数值会随模型灵活改变，读者可在这个数值的基础上灵活调整。

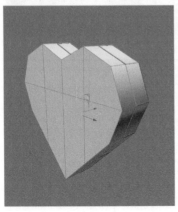 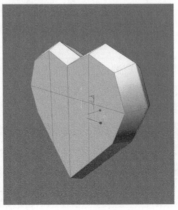 

图2-236　　　　　　　　　图2-237　　　　　　　　　图2-238

14 在"点"模式和"边"模式中调整心形模型的造型,使心形模型更加圆润,如图2-239所示。

15 添加"细分曲面"生成器 ⊙ 细分曲面 ,让心形模型变得圆润,如图2-240所示。

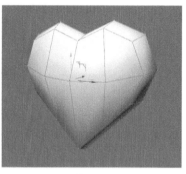
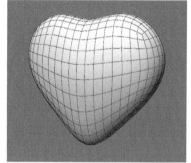

图2-239 图2-240

16 添加"减面"生成器 ⚠ 减面 ,将其作为"细分曲面"对象的父层级,效果如图2-241所示。

17 使用"立方体"工具 ⊙ 立方体 创建一个立方体模型,其参数设置如图2-242所示。

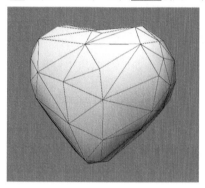
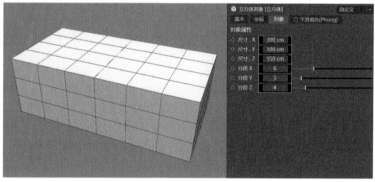

图2-241 图2-242

18 添加"置换"变形器 置换 到"立方体"对象的子层级中,在"置换"变形器的"着色"选项卡中单击"着色器"后方的 ▼ 按钮,在弹出的下拉菜单中选择"噪波"命令,然后在"对象"选项卡中设置"高度"为50cm,如图2-243所示。模型效果如图2-244所示。

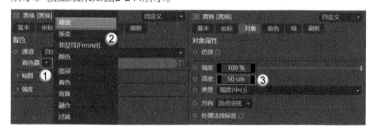
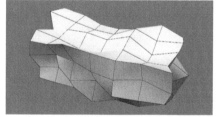

图2-243 图2-244

19 为"立方体"对象添加"细分曲面"生成器 ⊙ 细分曲面 ,然后再添加"减面"生成器 ⚠ 减面 ,模型效果如图2-245和图2-246所示。

20 将立方体模型复制两份,然后随意调整模型的大小,并进行摆放,如图2-247所示。

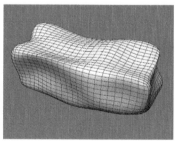
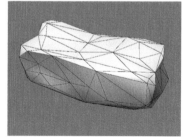
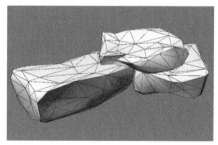

图2-245 图2-246 图2-247

21 将心形模型复制两份，调整模型大小后摆放在画面中，案例最终效果如图2-248所示。

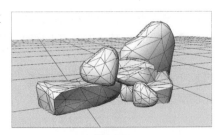

图2-248

2.6 效果器和域建模

效果器和域属于建模的辅助工具，需要配合生成器或变形器才能实现效果，不能单独作用于模型上。图2-249所示是效果器和域面板，效果器的图标为紫色，域的图标为洋红色。本节将讲解常用的效果器和域。

图2-249

2.6.1 推散

"推散"效果器 可以将对象从中心点向外推开，可加载在"克隆"生成器 中，适合用来做动画，其"属性"面板如图2-250所示。下面介绍其具体使用方法。

第1步：使用"立方体"工具 新建一个立方体模型，然后添加"克隆"生成器 ，将"立方体"对象移动到其子层级中，效果如图2-251所示。

第2步：在选中"克隆"对象的状态下，单击"推散"按钮 ，将"推散"对象与"克隆"对象关联，如图2-252所示。

图2-250

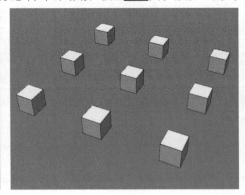

图2-251

图2-252

提示

读者若不确定两者是否已关联，可选中"克隆"对象后在"效果器"选项卡中查看是否显示"推散"，如图2-253所示。如果没有显示，在"对象"面板中选中"推散"对象并将其拖曳到该选项卡中也可以进行关联。

图2-253

第3步： 选中"推散"对象，调整"半径"的数值，可以观察到除了中心的立方体外，周边的立方体都朝外运动，如图2-254所示。

第4步： 在"模式"下拉菜单中，可以选择不同的操作模式，默认为"推离"，如图2-255所示。其他模式的效果如图2-256所示。

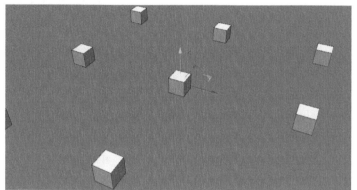

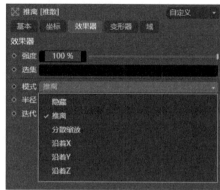

图2-254 图2-255

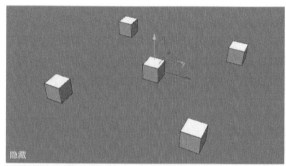

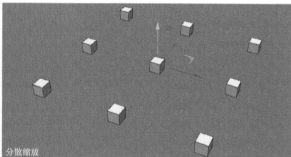

图2-256

2.6.2 随机

"随机"效果器 的使用频率很高，不论是静帧还是动画都可以使用，其"属性"面板如图2-257所示。

图2-257

将"随机"效果器 [随机] 添加到"克隆"生成器 [克隆] 中，效果如图2-258所示。

在"参数"选项卡中可以单独调整对象的"位置""旋转""缩放"的随机效果（默认情况下勾选"位置"复选框，如果不想产生随机效果就取消相应复选框的勾选），如图2-259所示。

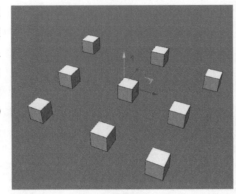

图2-258

图2-259

"缩放"参数比较特殊，分为"等比缩放"和"绝对缩放"两种状态。勾选"等比缩放"复选框后只会显示"缩放"一个参数，调整该参数后，视图窗口中的立方体模型会随机地放大或缩小，如图2-260所示。勾选"绝对缩放"复选框后，无论怎样调整"缩放"的数值，都会呈现立方体模型要么全部随机放大、要么全部随机缩小的状态，不会出现有的放大、有的缩小的情况，如图2-261所示。

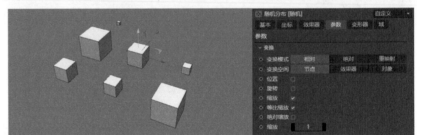

图2-260

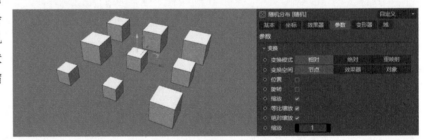

图2-261

2.6.3 随机域

"随机域" [随机域] 可以在场景中生成一个立方体的控制器，这个控制器中会显示随机的衰减效果，其"属性"面板如图2-262所示。"域"可以用在多个方面，变形器、效果器和粒子中都可以使用"域"。"域"可以理解为一个衰减区域，在区域内的对象会受到工具的作用，在区域外的对象则没有变化。下面介绍具体使用方法。

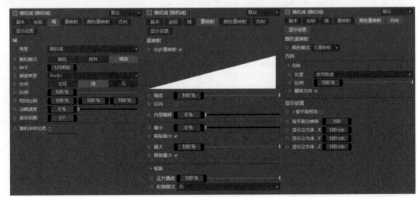

图2-262

第1步： 使用"立方体"工具 ⬛立方体 新建一个立方体模型，增加表面的分段线，效果如图2-263所示。

第2步： 添加"随机域" ⬛随机域 使其与"立方体"对象平级，此时模型没有产生任何变化，如图2-264所示。

第3步： 添加"体积生成"生成器 ⬛体积生成，将前两步创建的对象都作为其子层级，并设置"随机域"的"模式"为"相交"，如图2-265所示。可以明显地看到模型表面出现不规则的凹陷效果，如图2-266所示。

图2-263

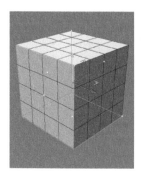

图2-264

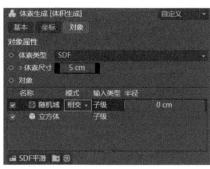

图2-265

图2-266

📋 提示 --

"体素尺寸"的值越小，模型表面的凹陷越清晰。

第4步： 添加"体积网格"生成器 ⬛体积网格，使立方体转换为网格模型，如图2-267所示。

第5步： 选中"随机域"对象，在"属性"面板中调整"随机模式"，选择不同的类型会呈现不同的效果，如图2-268所示。

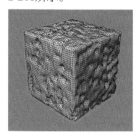

图2-267

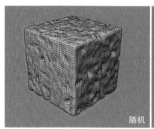

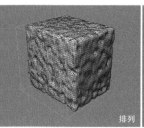

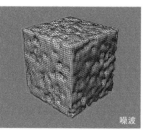

图2-268

第6步： 在"噪波类型"下拉菜单中，可以选择不同的噪波类型，如图2-269所示。

第7步： 调整"比例"的数值，能让凹陷的密集程度产生变化，如图2-270所示。这个参数用于调整噪波分布的密度。

图2-269

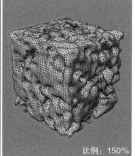

图2-270

📋 提示 --

其他类型的域与"随机域" ⬛随机域 的用法和原理基本一致，都是以自身形状作为衰减区域，只是比"随机域" ⬛随机域 的用法简单。

案例实训：制作抽象立方体场景

案例文件　　案例文件>CH02>案例实训：制作抽象立方体场景
视频名称　　案例实训：制作抽象立方体场景.mp4
学习目标　　学习效果器和域建模的方法与思路

效果器和域可以为生成器提供更多的变化效果。本案例运用"随机"效果器 ▧ 随机 和"球体域" ◉球体域 制作一个抽象场景，如图2-271所示。此场景模型可以延伸为动画，也可以作为海报的背景。

图2-271

01 使用"立方体"工具 ◈ 立方体 创建一个立方体模型，具体参数设置及效果如图2-272所示。

02 为立方体模型添加"克隆"生成器 ✿ 克隆 ，设置"数量"为25、1、36，"尺寸"为20cm、200cm、20cm，如图2-273所示。

03 选中"克隆"对象，然后添加"随机"效果器 ▧ 随机 ，此时画面中的立方体会无序位移，如图2-274所示。

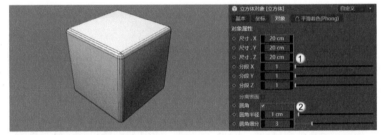

图2-272

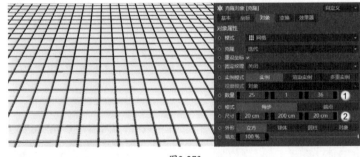

图2-273

图2-274

04 选中"随机"对象，在"参数"选项卡中勾选"缩放""等比缩放""绝对缩放"3个复选框，设置"缩放"为-0.5，如图2-275所示。

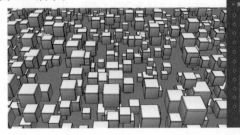

图2-275

05 切换到"域"选项卡，添加"球体域" ，如图2-276所示。可以在视图窗口中观察到域以内的立方体产生了随机效果，域以外的立方体则没有变化，如图2-277所示。

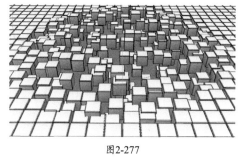

图2-276   图2-277

2.7 可编辑对象建模

可编辑对象建模也叫作多边形建模，是通过对模型的点、线和多边形进行编辑和调整，制作出较为复杂的模型。可编辑对象建模是建模技术中最重要的一部分，可以制作出绝大多数造型的模型，是读者必须重点掌握的技术。

选中任何阶段的模型，按C键，即可将其转换为可编辑对象。在工具栏1中可以选择"点" 、"边" 和"多边形" 3个模式，如图2-278所示。

图2-278

2.7.1 "点"模式

切换到"点"模式 后，工具栏2中会显示该模式下的工具按钮，也可以单击鼠标右键，在弹出的快捷菜单中选择命令，如图2-279所示。

图2-279

1.倒角

"倒角"可以对选中的点进行斜切，生成一个面，如图2-280所示。选中需要倒角的点后，单击"倒角"按钮 （或单击鼠标右键，在弹出的快捷菜单中选择"倒角"命令），然后按住鼠标左键并拖曳，就能调整倒角的大小。在"属性"面板中，通过设置"偏移"的数值可以精确控制倒角的大小，如图2-281所示。

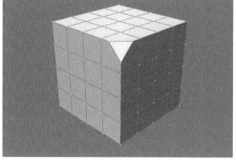

图2-280

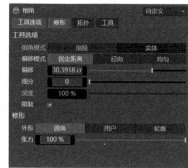

图2-281

2.挤压

"挤压"可以将选中的点向外或向内挤出,向外挤出的效果如图2-282所示。选中需要挤压的点,单击"挤压"按钮 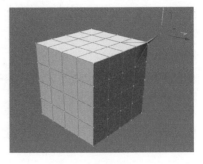（或单击鼠标右键,在弹出的快捷菜单中选择"挤压"命令）,然后按住鼠标左键并拖曳,就能将点向外或向内挤出。

📝 提示 ----------------------------->

"挤压"在"多边形" 🔲 模式中运用的频率很高,在"点" 🔲 模式中运用的频率一般。

图2-282

3.坍塌

"坍塌"可以将选中的多个点合并为一个点,如图2-283所示。选中需要坍塌的点,单击鼠标右键,在快捷菜单中选择"坍塌"命令就能将这些点合并在一起。

4.滑动

"滑动"可以让点沿着边的方向进行移动,不用担心在其他轴向上产生位移,如图2-284所示。这个工具在建模时非常好用,适合调整不规则点的位置。

5.适配圆

"适配圆"也是建模时一个很好用的工具,可以快速将不规则的点调整为圆形分布,如图2-285所示。选中需要调整为圆形的点,单击"适配圆"按钮 🔲（或单击鼠标右键,在弹出的快捷菜单中选择"适配圆"命令）,然后按住鼠标左键并拖曳,就能将点调整为圆形,同时缩放圆形。这个工具在制作瓶子等模型时非常有用,相比于传统建模方式中依靠"缩放"工具 🔲 调整点的大小,或比对圆环样条线调整点的位置,该工具极大地简化了制作步骤。

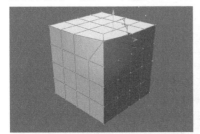

图2-283

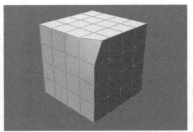

图2-284

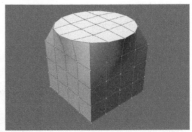

图2-285

2.7.2 "边"模式

切换到"边"模式 🔲 后,只能对边进行编辑,同时工具栏2中的工具会有所变化,快捷菜单中的命令也会跟着改变,如图2-286所示。

图2-286

📝 提示 ----------------------------->

"点"模式 🔲 和"边"模式 🔲 中有一部分工具是相同的,用法也一致,下面只讲解在"边"模式 🔲 下运用较多的工具。

1.线性切割

"线性切割"可以在模型的任意位置进行切割生成新的边，如图2-287所示。单击"线性切割"按钮▨（或单击鼠标右键，在弹出的快捷菜单中选择"线性切割"命令），然后在模型的任意位置单击，确定边的起点，然后移动鼠标指针到边的终点位置，再次单击，就可以添加一条新的边。

2.循环/路径切割

"循环/路径切割"可以快速围绕模型生成一圈新的边，如图2-288所示。单击鼠标右键，在弹出的快捷菜单中选择"循环/路径切割"命令，然后移动鼠标指针到模型上，就会出现循环边的预览状态，显示若添加边会生成的效果。当觉得预览效果合适时，单击就可以添加循环边。视图窗口的上方还会出现一个控制器，方便调整新加的边所处的位置，使其可以快速移动到更合适的位置，如图2-289所示。

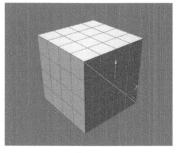
图2-287

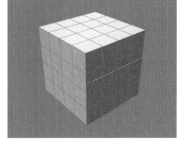
图2-288

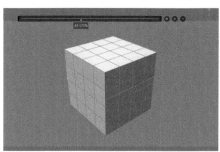
图2-289

3.提取样条

"提取样条"可以将选中的边提取后生成新的样条线，如图2-290所示。选中需要提取样条线的边，然后单击鼠标右键，在弹出的快捷菜单中选择"提取样条"命令，提取的样条线会在模型的子层级中出现，如图2-291所示。只要将样条线移动到模型的平级，再隐藏模型，就能单独观察样条线。

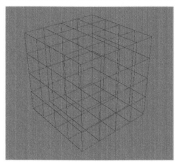
图2-290

📝 提示 --

在处理可编辑对象时，之前讲解的"笔刷选择"工具▣和"框选"工具▣在选择点、边和多边形时就会显得力不从心。Cinema 4D贴心地为用户提供了多种特殊选择方式，按V键，在弹出的菜单中将鼠标指针移动到"选择"上，弹出的菜单中提供了很多选择方式，如图2-292所示。

图2-291

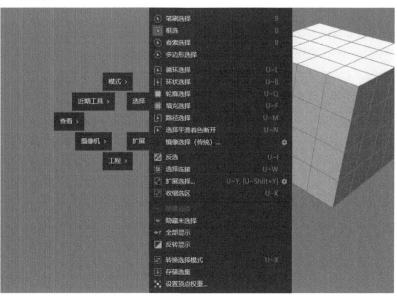
图2-292

循环选择: 可以一次性选择连续的一圈边,且这些边的周围都是四边面,如图2-293所示。如果周围不是四边面,则无法使用该方式。

环状选择: 可以一次性选择连续的环状边,且这些边的周围都是四边面,如图2-294所示。

图2-293

图2-294

轮廓选择: 可以快速选择选定面周围的边,如图2-295所示。

填充选择: 可以快速选择已经选择的面之间的所有面,如图2-296所示。该方式特别适合选择模型内部的面。

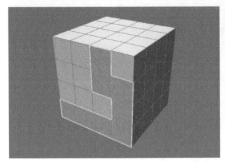

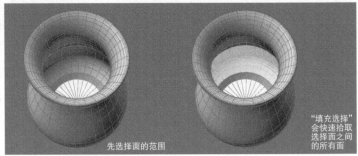

先选择面的范围

"填充选择"会快速拾取选择面之间的所有面

图2-295

图2-296

路径选择: 可以快速沿着模型的边选择不规则的边,如图2-297所示。

反选: 可以快速选择已经选择对象以外的对象,而取消选择已选择的对象,如图2-298所示。

在模型上确定起点,沿着路径移动鼠标指针到终点后再单击

反选前

反选后

图2-297

图2-298

2.7.3 "多边形"模式

切换到"多边形"模式后,只能对多边形进行编辑,同时工具栏2中的工具会有所变化,快捷菜单中的命令也会跟着改变,如图2-299所示。

图2-299

1.嵌入

"嵌入"能在选中的多边形上收缩或伸展形成新的多边形,如图2-300所示。单击"嵌入"按钮 ⬚ (或单击鼠标右键,在弹出的快捷菜单中选择"嵌入"命令),然后在选中的多边形上单击并拖曳鼠标,就能向内或向外形成新的多边形。如果一次选中多个多边形,还可以在"属性"面板中设置是否按照群组进行缩放。默认情况下,"保持群组"复选框处于勾选状态,如果取消勾选,就会按多边形个体进行缩放,如图2-301所示。

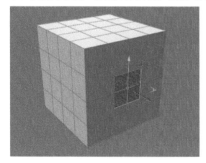

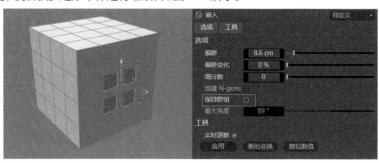

图2-300   图2-301

☑ 提示 ·· ⟩

在旧版本的软件中,"嵌入"工具 ⬚ 叫作"内部挤压"。

2.桥接

"桥接"可以将同一个对象的不同多边形进行连接,生成过渡部分,如图2-302所示。单击"桥接"按钮 ▦ (或单击鼠标右键,在弹出的快捷菜单中选择"桥接"命令)后,单击会延伸出一条直线段,然后移动到需要连接的另一端再次单击,就可以将两部分连接在一起。

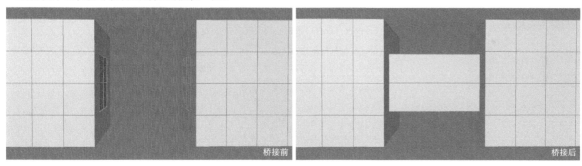

桥接前   桥接后

图2-302

☑ 提示 ·· ⟩

读者在运用"桥接"工具 ▦ 的时候需要注意,必须是同一个对象的情况下才能使用该工具,若图中两个立方体分别对应一个对象,就不能使用该工具。

要将两个对象合并为一个对象,在"对象"面板中选中两个对象,然后单击鼠标右键,在弹出的快捷菜单中选择"连接对象+删除"命令即可。

3.反转法线

"反转法线"可以对建模时出现的不正确法线进行更改,如图2-303所示。法线在布光和添加材质时非常重要,法线反转后会导致渲染时出现错误效果。

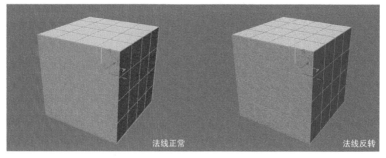

法线正常   法线反转

图2-303

案例实训：制作卡通便利店

案例文件　　案例文件>CH02>案例实训：制作卡通便利店
视频名称　　案例实训：制作卡通便利店.mp4
学习目标　　学习可编辑对象建模的方法与思路

可编辑对象建模可运用在任何行业中，应用范围十分广泛。本案例使用可编辑对象建模技法制作一个卡通便利店模型，这种模型常见于电商海报和游戏场景中，效果如图2-304所示。

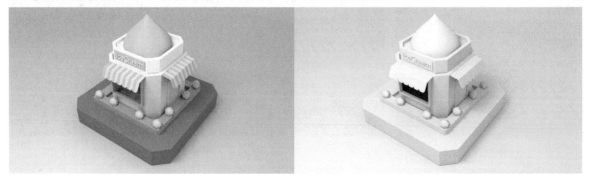

图2-304

01 使用"立方体"工具 ❖立方体 在场景中新建一个立方体模型，修改模型的"尺寸.Y"为30cm，如图2-305所示。

02 选中模型，按C键将其转换为可编辑对象，然后在"边"模式 ❖ 中选中图2-306所示的边。

03 保持选中的边不变，使用"倒角"工具 ❖ 倒角20cm，如图2-307所示。

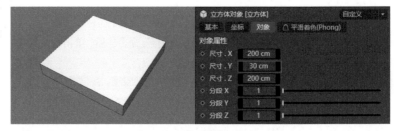

图2-305

图2-306

图2-307

> 📝 提示 ------------------- >
>
> 　　使用"环状选择"工具 🔘 可以快速选中4条边。

04 切换到"多边形"模式 ◾，选中图2-308所示的多边形，然后使用"嵌入"工具 ◙ 向内嵌入30cm，如图2-309所示。

05 使用"挤压"工具 ◙ 将嵌入后生成的面向上挤出10cm，如图2-310所示。

图2-308

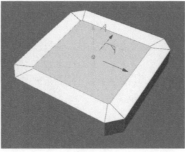

图2-309

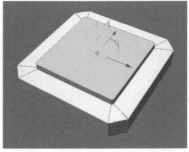

图2-310

06 切换到"边"模式⬚，使用"线性切割"工具✎在顶部的面上添加4条边，如图2-311所示。

07 切换到"多边形"模式⬚，选中图2-312所示的多边形，然后使用"挤压"工具⬚向下挤压6cm，如图2-313所示。

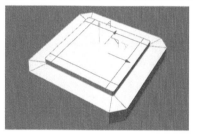
图2-311

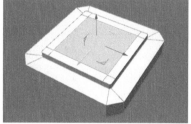
图2-312

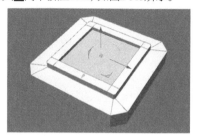
图2-313

☑ 提示 ·····························

　　向下挤压时，要在"偏移"文本框中输入-6cm，才能实现向下挤压的效果，如图2-314所示。

图2-314

08 使用"立方体"工具 🔲立方体 创建一个立方体模型，将其摆放在上一步创建的凹槽中，如图2-315所示。

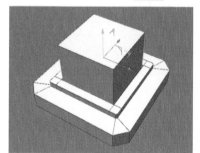
图2-315

☑ 提示 ·····························

　　这一步立方体模型的参数设置如图2-316所示。读者在制作时，可能会出现书中参数无法对应实际的情况，请按照实际情况灵活设置模型的参数。

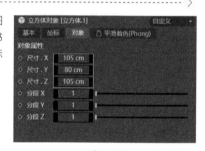
图2-316

09 将上一步创建的立方体模型转换为可编辑对象，在"边"模式⬚中选中图2-317所示的边，然后使用"倒角"工具⬚倒角15cm，如图2-318所示。

10 切换到"多边形"模式⬚，选中图2-319所示的多边形，使用"嵌入"工具⬚向内嵌入6cm，如图2-320所示。

11 保持选中的多边形不变，使用"挤压"工具⬚向下挤压5cm，如图2-321所示。

图2-317

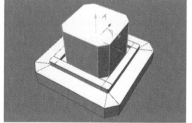
图2-318

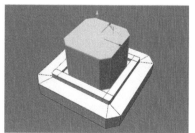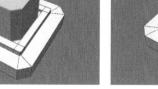
图2-319

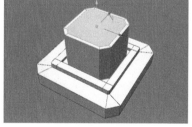
图2-320

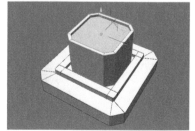
图2-321

12 返回"模型"模式，将编辑后的立方体复制一份，然后调整其大小摆放在顶部，如图2-322所示。

13 使用"圆锥体"工具 在立方体顶部创建一个圆锥体模型，参数设置及效果如图2-323所示。

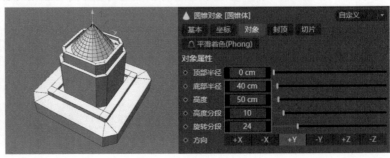

图2-322

图2-323

☑ 提示 --- >

圆锥体模型的参数仅供参考，读者可灵活处理。

14 为圆锥体模型添加"膨胀"变形器 ，调整"强度"为25%，效果如图2-324所示。

15 使用"立方体"工具 创建一个立方体模型，参数设置及效果如图2-325所示。

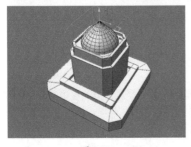

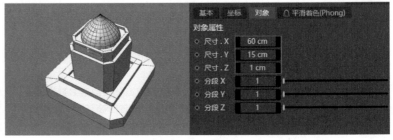

图2-324

图2-325

16 使用"文本"工具 创建IceCream文本模型，放在上一步创建的立方体的前方，如图2-326所示。

17 在"多边形"模式 中选中图2-327所示的多边形，然后使用"嵌入"工具 向内嵌入6cm，如图2-328所示。

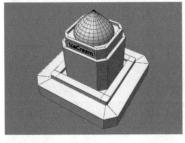

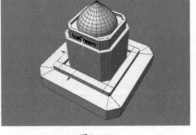

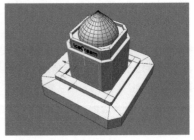

图2-326

图2-327

图2-328

18 切换到"边"模式 ，调整边的高度，效果如图2-329所示。

19 选中图2-330所示的多边形，向内嵌入2cm，如图2-331所示。

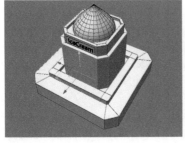

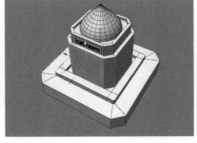

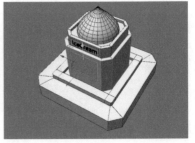

图2-329

图2-330

图2-331

20 选中图2-332所示的多边形，使用"挤压"工具 🗇 向外挤出6cm，如图2-333所示。

21 选中中间的多边形，然后将其删除，如图2-334所示。

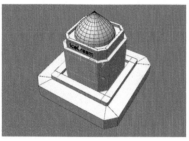
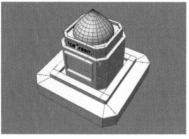
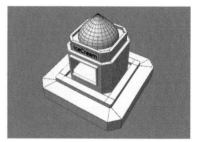

图2-332 图2-333 图2-334

22 选中图2-335所示的多边形，使用"嵌入"工具 🗇 向内嵌入18cm，如图2-336所示。

23 切换到"边"模式 ⑥ ，调整线段的位置，使其成为门的样式，如图2-337所示。

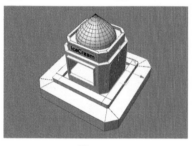
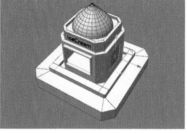
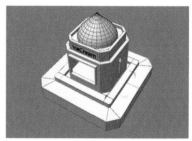

图2-335 图2-336 图2-337

24 在"多边形"模式 ⑥ 中选中图2-338所示的多边形，使用"嵌入"工具 🗇 向内嵌入2cm，如图2-339所示。

25 选中图2-340所示的多边形，使用"挤压"工具 🗇 向外挤出2cm，如图2-341所示。

26 使用"立方体"工具 🔲立方体 新建一个立方体模型，具体效果及参数设置如图2-342所示。

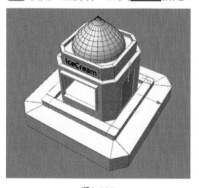
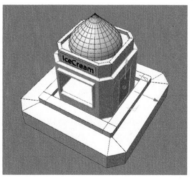
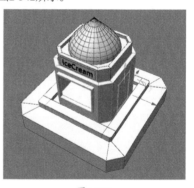

图2-338 图2-339 图2-340

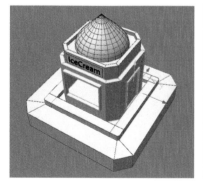
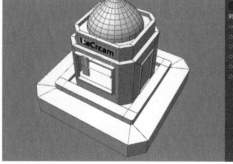

图2-341 图2-342

27 为上一步新建的立方体模型添加"弯曲"变形器 ![弯曲]，单击"匹配到父级"按钮，使控制器与模型等大，设置"强度"为-108°、"角度"为270°，如图2-343所示。

28 将上一步变形的对象转换为可编辑对象，然后在"边"模式 ![边] 中选中图2-344所示的边，使用"倒角"工具 ![倒角] 倒角3cm，并增大"细分"的值，效果如图2-345所示。

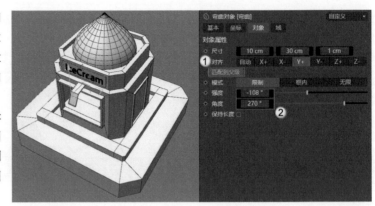

图2-343

📋 提示 ------------------------- >

为了方便观察模型效果，可将模型单独显示。在转换模型为可编辑对象时，需要选中"立方体"和"弯曲"两个对象，单击鼠标右键，在弹出的快捷菜单中选择"连接对象+删除"命令，将两者合二为一，生成一个可编辑对象。

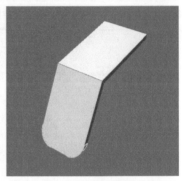

图2-344　　　　　　　　　　　图2-345

29 在上一步编辑的模型上添加"克隆"生成器 ![克隆]，设置"模式"为"线性"、"数量"为7、"位置.X"为10cm，如图2-346所示。

📋 提示 ------------------------- >

在添加"克隆"生成器 ![克隆] 后，模型的坐标会随着生成器而移动。选中"克隆"和"立方体"两个对象，执行"工具>轴心>使父级对齐"菜单命令，就能将模型还原到以前的位置。

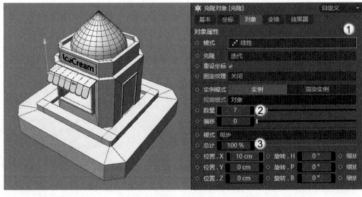

图2-346

30 将克隆的模型复制一份，将新模型旋转90°并移动到右侧，如图2-347所示。

31 使用"球体"工具 ![球体] 在场景中创建一个球体模型，具体效果及参数设置如图2-348所示。

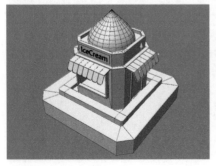
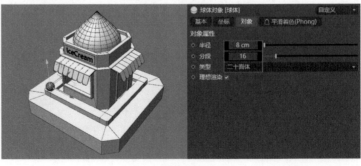

图2-347　　　　　　　　　　　图2-348

32 为球体模型添加"减面"生成器 ，设置"减面强度"为80%，效果如图2-349所示。

33 将球体模型复制多个并摆放到合适位置，案例最终效果如图2-350所示。

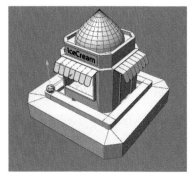
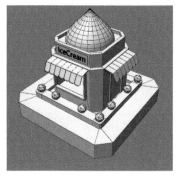

图2-349　　　　　　　　　　　图2-350

2.8 技术汇总与解析

本章讲述了可应用在各行业中的建模技法。在软件层面上，要做到掌握每个建模技法的相关命令，尽量做到看见模型的结构就能分析出使用了哪些命令。单纯学会了软件命令，只是学会了建模的基础，能随时分析模型要使用的命令并加以应用，才算是真正会建模。"拼合与拆分"的建模原理也非常重要，不仅能厘清建模思路，也能让复杂的模型变得简单。

建模理论和工具讲解虽然很重要，但想学好建模离不开大量的练习。建议读者在日常生活中以身边的物品为参考，分析模型及将其拆分后的结构，每个结构需要用到哪些工具或命令，做到心中有数后再操作。只有通过大量的练习，才能实现"眼睛会了，手也会了"，而不是"眼睛会了，手表示想多了"的尴尬局面。

2.9 建模技术拓展实训

通过前面的学习，读者对Cinema 4D的建模技术应该有了一定的认识，甚至掌握了不少建模技术。接下来进行一定的拓展实训，读者可以跟随笔者的思路进行练习，巩固所学建模思路和技法。

拓展实训：制作3D立体展台

案例文件	案例文件>CH02>拓展实训：制作3D立体展台
视频名称	拓展实训：制作3D立体展台.mp4
学习目标	练习多种建模技法的综合运用

3D立体展台在电商海报中运用较多，通过Cinema 4D进行建模能较为快速地制作出展台效果，比起传统的平面软件要更为高效和逼真。效果如图2-351所示。

图2-351

训练要求和思路如下。

第1点： 分析画面中模型的大致形态并将其分类。

第2点： 制作场景中数量最多的圆柱体模型。

第3点： 分析异体模型的构成，用"立方体"工具 🎁 立方体 创建模型并转换为可编辑对象后进行制作。

第4点： 用"矩形"工具 ☐ 矩形 绘制样条线，并用"圆环"工具 ◯ 圆环 绘制剖面，然后进行扫描。

拓展实训：制作创意几何体

案例文件　　案例文件>CH02>拓展实训：制作创意几何体
视频名称　　拓展实训：制作创意几何体.mp4
学习目标　　练习多种建模技法的综合运用

本实训将所学的建模技法综合运用，制作创意几何体，效果如图2-352所示。

图2-352

训练要求和思路如下。

第1点： 拆分几何体组合的部件。

第2点： 根据画面比例制作每个部件的模型。

第3点： 将每个部件的模型组合在一起。

第 3 章

摄像机与构图

无论是制作单帧图片还是制作动画，都需要在场景中建立摄像机。使用摄像机可以确定渲染画面的大小以及渲染区域，还可以添加一些摄像机特效，生成复杂的画面效果。建立摄像机其实就是确定画面构图，没有好的构图，模型做得再好也无济于事。

本章学习要点

- 摄像机的使用方法
- 摄像机的打法
- 画面构图
- 摄像机特效

3.1 摄像机的使用方法

虽然Cinema 4D提供了6种摄像机工具，如图3-1所示，但最常用的还是"摄像机"工具![摄像机]。本节将讲解摄像机工具的使用方法。

"摄像机"工具![摄像机]是使用频率较高的摄像机工具。不同于其他三维软件创建摄像机的方法，在Cinema 4D中，只需要在视图中找到合适的视角，单击"摄像机"按钮![摄像机]即可完成摄像机的创建。创建的摄像机会出现在"对象"面板中，如图3-2所示。单击"对象"面板中摄像机右侧的![按钮]按钮，如图3-3所示，即可进入摄像机视图。

图3-1

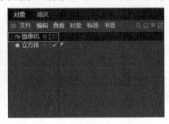

图3-2

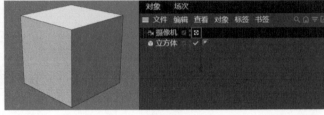

图3-3

"摄像机对象"的"属性"面板中有"对象""物理""细节""立体""合成""球面"共6个选项卡，其中"对象"和"物理"选项卡用于调整摄像机的基本参数，如图3-4所示。

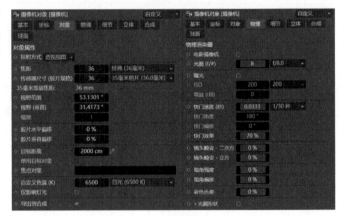

图3-4

摄像机基本参数的原理与单反相机类似，如果会使用单反相机，就比较好理解面板中的参数。

"焦距"用于设置角点到摄像机之间的距离，该数值越小，摄像机镜头中能呈现的画面范围越大，如图3-5所示。小焦距也是日常摄影中常说的"广角镜头"。虽然小焦距能产生更大的画幅，但画幅的四周也会产生镜头畸变，如图3-6所示。

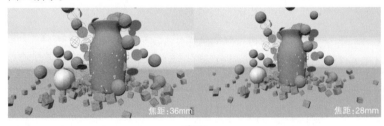

图3-5

图3-6

📝 提示 ·· ⟩

在调整"焦距"的值时，"视野范围"和"视野（垂直）"的值也会跟着改变，这3个参数是相互关联的，只要修改其中一个，其余两个都会跟着改变。

"胶片水平偏移"和"胶片垂直偏移"可以精确地上、下、左、右平移摄像机镜头。"目标距离"表示摄像机焦点到目标对象的距离，这个数值与摄像机的景深效果相关联。用户也可以将目标对象链接到"焦点对象"通道中，"目标距离"的值会自动切换。

"自定义色温"用于控制摄像机的白平衡。默认情况下该参数为6500K，表示摄像机画面显示正常的白光。在右侧的下拉菜单中，可以选择其他白平衡模式，如图3-7所示。大于6500K时画面会偏暖，小于6500K时画面会偏冷，如图3-8所示。

图3-7　　　　　　　　　　　　　　　　　　　　　　图3-8

"物理"选项卡中的参数必须在"物理"渲染器中调整才能起作用，如果使用默认的"标准"渲染器则不会产生变化。

"光圈（f/#）"与单反相机中"光圈"的作用一样，用于控制画面的进光量。这个数值越小，画面进光量越大，渲染的画面也就越亮，如图3-9所示。

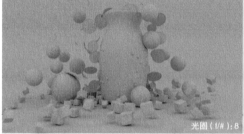

图3-9

勾选"曝光"复选框后会激活ISO参数。ISO代表画面的曝光增益，数值越大，画面越亮，如图3-10所示。

"快门速度（秒）"用于控制摄像机快门的速度，快门的速度越快，进光量就越少。我们平时用单反相机拍夜景时，都会使用慢的快门，就是为了保证较多的进光量，让夜景的画面更加明亮。

增大"暗角强度"的值会让渲染后的画面四角出现黑色暗角，如图3-11所示。暗角不能直观地显示在画面中，需要通过渲染才能表现。建议读者将这个步骤放在后期软件（Photoshop或After Effects）中进行，不仅直观而且易于操作。

图3-10　　　　　　　　　　　　图3-11

3.2　常见的摄像机打法

Cinema 4D常用于平面海报制作、三维空间设计和产品展示等场景，摄像机的打法一般有平行和斜向两种。摄像机的打法只是大致确定画面的范围，与下一节所讲的画面构图有一定的区别。

3.2.1 平行打法

平行打法是指摄像机与场景中主要表现的模型处于一个平面。摄像机可以从正面或是顶面拍摄场景中的模型，且摄像机是水平拍摄的，画面不产生强烈的透视。这种打法在平面海报制作和产品展示等场景中运用较多，如图3-12所示。

图3-12

3.2.2 斜向打法

斜向打法是指摄像机与场景中主要表现的模型不处于一个平面，成一定的透视角度。摄像机可以处于场景中的任何位置，移动非常灵活，这种打法在三维空间设计和产品展示等场景中运用较多，如图3-13所示。

图3-13

3.3　画面构图

摄像机所确定的画面构图是指画幅的大小与比例。画幅的大小和比例由渲染设置与安全框两部分组成。横构图与竖构图是常见的构图形式。

3.3.1 安全框的设置

安全框是视图中的安全线，安全框内的对象在进行视图渲染时不会被裁掉，如图3-14所示。左边的视图窗口内容与右边渲染内容不完全相同，通过对比可发现视图窗口中的左右两边的部分树叶模型被裁掉了。视图窗口两侧的半透明黑色部分就是安全框部分。

在"属性"面板上打开"模式"下拉菜单，然后选择"视图设置"命令，如图3-15所示。此时"属性"面板如图3-16所示。

图3-14

图3-15

图3-16

切换到"安全框"选项卡，如图3-17所示。

默认情况下，"安全范围"复选框处于勾选状态，在视图窗口中可以观察到安全框。勾选"标题安全框"复选框后，画面中间会出现黑色的线框，如图3-18所示。安全框的范围不是固定的，根据实际情况调整"尺寸"的值即可。

在制作动画时勾选"动作安全框"复选框，就不用担心动画超出画面范围。勾选该复选框后，在视图窗口中出现另一个黑色线框，如图3-19所示。

图3-17

图3-18 图3-19

"渲染安全框"复选框用于确定渲染区域的大小。"透明"选项用于控制渲染区域以外的区域的透明度，如图3-20所示。默认情况下渲染区域以外的区域呈黑色半透明效果，如果与场景中的颜色相似就不容易观察，修改"颜色"就能解决这一问题。

图3-20

安全框的比例也是可以调整的。在"渲染设置"面板中通过调整"胶片宽高比"的值，就能形成不同比例的安全框，如图3-21所示。

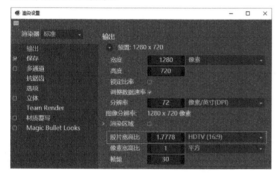

图3-21

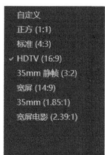

图3-22

除了可以设置任意的安全框比例，系统也提供了预置的比例，如图3-22所示。具体效果如图3-23所示。

图3-23

提示 --

在这些比例中，最常用的是"标准（4∶3）"和"HDTV（16∶9）"两种。

3.3.2 横构图与竖构图

横构图与竖构图是指安全框所呈现的画幅是横向的还是竖向的。横构图是常用的构图，任何类型的场景都适用，如图3-24所示。"标准（4∶3）"和"HDTV（16∶9）"这两种比例是横构图常用的画幅比例，这两种比例符合大多数播放设备的显示尺寸，尤其是"HDTV（16∶9）"。

竖构图的画幅宽度小于画幅的高度，没有具体的胶片比例，如图3-25所示。竖构图常用于平面海报和移动端设备的画面显示。

图3-24　　　　　　　　　　　　图3-25

案例实训：添加摄像机并构图

案例文件	案例文件>CH03>案例实训：添加摄像机并构图
视频名称	案例实训：添加摄像机并构图.mp4
学习目标	掌握添加摄像机和横构图的方法

下面以一个创意三维室内场景为例，讲解如何添加摄像机和构图，案例效果如图3-26所示。

01 打开本书学习资源"案例文件>CH03>案例实训：添加摄像机并构图"文件夹中的素材场景，如图3-27所示。场景中已经制作好灯光和材质，需要添加摄像机并构图。

02 在透视视图中移动并调整画面角度，按照平行打法使摄像机正对画面中的沙发和茶几，如图3-28所示。

图3-26

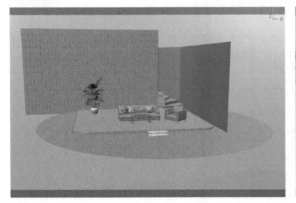

图3-27

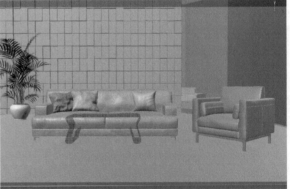

图3-28

💡 提示 --------

创建摄像机后，一定要单击"摄像机"对象右侧的▣按钮进入摄像机视图，否则微调摄像机位置是在透视视图中进行的。

03 在工具栏3中单击"摄像机"按钮 🎥 添加一台摄像机，如图3-29所示。

04 按快捷键Ctrl+B打开"渲染设置"面板，设置"宽度"为1280像素、"高度"为720像素、"胶片宽高比"为1.7778，如图3-30所示。

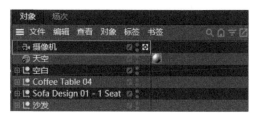

图3-29

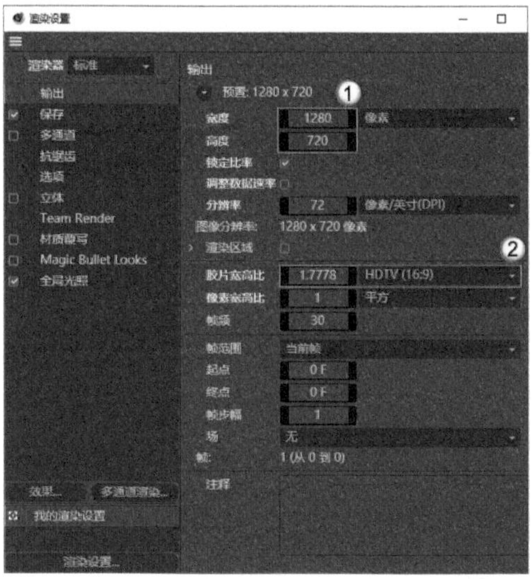

图3-30

05 调整画幅大小后，细调摄像机的位置，使画面更加和谐，如图3-31所示。

图3-31

💡 **提示** ------------------------------>

长按视图窗口右上方的"移动摄像机" 🔲 和"缩放摄像机" 🔲 按钮并拖曳鼠标，能快速调整摄像机的位置，如图3-32所示。

图3-32

06 按快捷键Shift+R渲染场景，案例最终效果如图3-33所示。

图3-33

3.4 摄像机特效

常见的摄像机特效包括景深和运动模糊两种，本节将讲解如何设置这两种特效。

3.4.1 景深

景深是指在摄像机镜头或其他成像器前沿能够取得清晰图像的被摄物体的前后距离范围。光圈、镜头、焦平面到拍摄物的距离是影响景深的重要因素。图3-34所示是一张带有景深效果的图片。

图3-34

在Cinema 4D中设置景深效果有两个要素。

第1个： 需要在摄像机的"属性"面板中设置"目标距离"和"焦点对象"中的一个。

第2个： 需要将渲染器的类型切换为"物理"，并勾选"景深"复选框，如图3-35所示。

图3-35

3.4.2 运动模糊

当摄像机在拍摄运动的物体时，运动的物体或周围的场景会产生模糊的现象，这就是运动模糊，如图3-36所示。摄像机的快门速度可以控制场景中模糊的对象，当快门速度与运动物体的速度相差不大时，运动的物体清晰，周围内容模糊；当快门速度与运动物体的速度相差较大时，运动的物体模糊，周围内容清晰。

在Cinema 4D中设置运动模糊效果有两个要素。

第1个： 需要在摄像机的"属性"面板中设置"目标距离"和"焦点对象"中的一个。

第2个： 需要将渲染器的类型切换为"物理"，并勾选"运动模糊"复选框，如图3-37所示。

图3-36

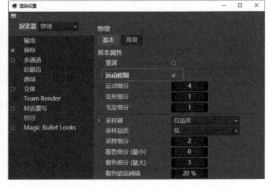

图3-37

案例实训：制作景深效果

案例文件	案例文件>CH03>案例实训：制作景深效果
视频名称	案例实训：制作景深效果.mp4
学习目标	掌握制作景深效果的方法

本案例用一个简单的场景演示如何制作景深效果，对比效果如图3-38所示。

01 打开本书学习资源"案例文件>CH03>案例实训：制作景深效果"文件夹中的练习文件，如图3-39所示。场景内已经建立好灯光和材质，需要为场景创建摄像机。

图3-38

图3-39

02 在透视视图中移动视图寻找摄像机的合适角度，单击"摄像机"按钮 ■◀ 摄像机 为场景添加摄像机，如图3-40所示。

03 为了防止摄像机被移动，选中"摄像机"对象，然后单击鼠标右键，在弹出的快捷菜单中选择"装配标签>保护"命令，为摄像机添加"保护"标签◎，如图3-41所示。

04 单击"对象"面板中的黑色按钮■，进入摄像机视图，然后按快捷键Shift+R渲染视图，如图3-42所示。此时渲染的效果没有开启景深。

图3-40

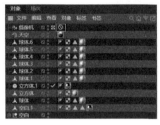

图3-41

图3-42

05 下面为场景添加景深效果。选中场景中的文本模型，然后将"对象"面板中的"挤压"对象向下拖曳到摄像机的"对象"选项卡的"焦点对象"通道中，如图3-43所示。这样就完成了焦点对象的设置。

06 按快捷键Ctrl+B打开"渲染设置"面板，切换渲染器的类型为"物理"，如图3-44所示。

07 选中"物理"选项并勾选"景深"复选框，如图3-45所示。

图3-43

图3-44

图3-45

08 按快捷键Shift+R渲染效果，如图3-46所示。此时渲染的图片几乎没有景深效果。

09 景深与摄像机的光圈有关，因此切换到摄像机"属性"面板的"物理"选项卡，将"光圈（f/#）"设置为0.5，然后按快捷键Shift+R渲染效果，如图3-47所示。观察渲染效果可以发现图片中有许多噪点。

图3-46

图3-47

10 在"渲染设置"面板的"物理"选项中,设置"采样器"为"自适应"、"采样品质"为"中",如图3-48所示,此时渲染效果如图3-49所示,画面中几乎没有噪点。

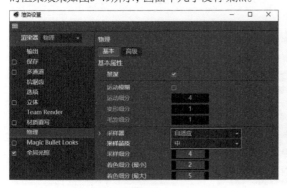

图3-48　　　　　　　　　　　　　　　　　图3-49

案例实训: 制作运动模糊效果

案例文件　　案例文件>CH03>案例实训: 制作运动模糊效果
视频名称　　案例实训: 制作运动模糊效果.mp4
学习目标　　掌握制作运动模糊效果的方法

案例使用的场景已经添加了动画, 这里需要渲染出带有运动模糊效果的图片, 对比效果如图3-50所示。

无运动模糊　　　　　　　　　　　　　　　　　　　有运动模糊

图3-50

01 打开本书学习资源"案例文件>CH03>案例实训: 制作运动模糊效果"文件夹中的练习文件,如图3-51所示,场景中的小球模型已经添加了动力学并生成动画。

02 单击"摄像机"按钮在场景中创建一台摄像机,移动摄像机,选择一个合适的角度,如图3-52所示。

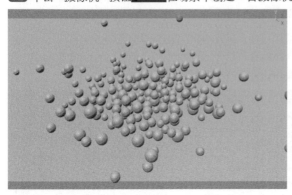

图3-51　　　　　　　　　　　　　　　　　图3-52

03 按快捷键Ctrl+B打开"渲染设置"面板,切换渲染器的类型为"物理",如图3-53所示。

04 移动播放指示器到45帧的位置，然后按快捷键Shift+R渲染场景，效果如图3-54所示。这是没有添加运动模糊的效果。

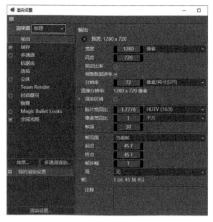

图3-53

图3-54

05 在"渲染设置"面板中选择"物理"选项，然后勾选"运动模糊"复选框，如图3-55所示。

06 仍然在45帧的位置按快捷键Shift+R渲染场景，效果如图3-56所示。可以明显观察到部分小球模型的模糊效果。

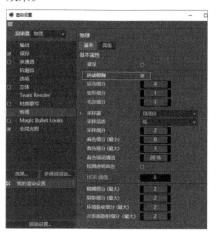

图3-55

图3-56

3.5 技术汇总与解析

Cinema 4D的摄像机参数较少，用法也相对简单。运用平行打法和斜向打法就可以应对行业中绝大部分的需求，配合适当的画面比例就能呈现一个符合要求的作品。当然，除了摄像机的画幅构图，画面内的构图也很重要，这就涉及美术专业的领域，较为复杂，请读者参阅相关图书。景深和运动模糊是摄像机特效，这两种特效既可以在Cinema 4D中呈现，也可以运用后期软件实现。

3.6 摄像构图拓展实训

学完本章的知识点后，读者可以通过下面两个拓展实训巩固本章所学内容。读者可以按照提供的效果图练习，也可以自由发挥。

拓展实训：添加摄像机并竖构图

案例文件	案例文件>CH03>拓展实训：添加摄像机并竖构图
视频名称	拓展实训：添加摄像机并竖构图.mp4
学习目标	练习添加摄像机和竖构图的方法

本案例为一个电商场景添加摄像机，在构图上调整为竖构图，效果如图3-57所示。

训练要求和思路如下。

第1点： 打开案例的练习文件。

第2点： 添加摄像机，以带一点仰视的角度拍摄场景。

第3点： 在"渲染设置"面板中调整画幅的"宽度"为1500像素、"高度"为1800像素，形成竖构图。

图3-57

拓展实训：为场景添加景深效果

案例文件	案例文件>CH03>拓展实训：为场景添加景深效果
视频名称	拓展实训：为场景添加景深效果.mp4
学习目标	练习添加摄像机和景深效果

本案例为一个简单的三维场景添加摄像机和景深效果，如图3-58所示。

训练要求和思路如下。

第1点： 打开案例的练习文件。

第2点： 添加摄像机并设置焦点对象。

第3点： 调整"渲染设置"面板中的参数并勾选"景深"复选框。

图3-58

第 **4** 章

灯光技术与布光方法

灯光是场景不可或缺的元素。没有灯光，场景就无法渲染出所需要的效果。无论是 Cinema 4D 自带的灯光工具还是 HDRI 材质，都可以用于场景的布光。

本章学习要点

▶ 掌握 Cinema 4D 的灯光工具

▶ 熟悉不同类型场景的布光思路

4.1 灯光技术在行业中的应用

Cinema 4D提供了9种灯光工具和HDRI材质。不同的行业所使用的工具类型是有一定差异的。

电商平面类行业所搭建的场景里会应用Cinema 4D自带的"灯光"工具 ⚙灯光 实现场景照明，HDRI材质则用作全局灯光，照亮整个场景。

游戏行业不需要运用灯光，只需要场景和模型。

动画行业会根据情况选择是否运用Cinema 4D自带的灯光工具。

产品展示和建筑类效果图需要应用Cinema 4D自带的"灯光"工具 ⚙灯光 、"无限光"工具 ⚙无限光 以及HDRI材质。特殊情况下还会使用自发光材质。

4.2 Cinema 4D的灯光工具

长按工具栏3中的"灯光"按钮 ⚙灯光 ，会弹出灯光面板，如图4-1所示。Cinema 4D自带的灯光类型较为简单，没有其他三维软件那么复杂。本节将讲解常用的灯光工具。

图4-1

4.2.1 灯光

使用"灯光"工具 ⚙灯光 可以创建一个点光源，向场景的任何方向发射光线，其光线可以到达场景中无限远的地方。下面以图4-2所示的场景为例，讲解"灯光"工具 ⚙灯光 的使用方法。

单击"灯光"按钮 ⚙灯光 ，场景中会出现灯光的控制图标，如图4-3所示。此时可以观察到视图窗口中会实时显示灯光照射的效果，处于背光面的模型会呈深色。

图4-2

图4-3

移动灯光图标，可以快速确定合适的灯光照射方向和阴影角度，如图4-4所示。

📋 提示 --------------------------------->
除非特殊的画面效果，一般情况下画面中模型只有少数面呈背光效果。

图4-4

在"属性"面板的"常规"选项卡中可以调整灯光的颜色、强度和投影等属性，如图4-5所示。调整"颜色"色块或H、S、V的值，能快速修改灯光的颜色，同时，视图窗口中会显示相应的灯光效果，如图4-6所示。

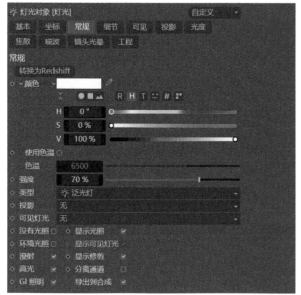

图4-5   图4-6

勾选"使用色温"复选框后，就可以通过设置"色温"的值模拟现实生活中的灯光颜色，如图4-7所示。

图4-7

✦ 提示 --→

日常生活中，灯泡产品会标注"暖白""正白""冷白"。这3种类型是按照灯泡产生的色温确定的。其中"暖白"的色温为2700K～4500K，"正白"的色温为4500K～6500K，"冷白"的色温在6500K以上。当我们用Cinema 4D制作写实类效果图时，就可以通过色温来设置灯光颜色，使场景渲染的灯光更加接近现实生活。

调整"强度"的值，视图窗口中的灯光强度会随着改变，如图4-8所示。

图4-8

默认情况下，灯光是没有开启"投影"的，在下拉菜单中可以选择不同的投影类型，如图4-9所示。相应的效果如图4-10所示。其中"区域"投影运用最多，适合绝大多数场景。

图4-9

图4-10

📋 提示 -- >

投影的效果无法直接观察到，必须通过渲染才能呈现。

开启"区域"投影后可以观察到灯光外侧出现了一个矩形框，这个矩形框代表现在灯光是以面片的形式照射场景的一个面光源，如图4-11所示。在"细节"选项卡中可以调整光源的样式，如图4-12所示。

图4-11

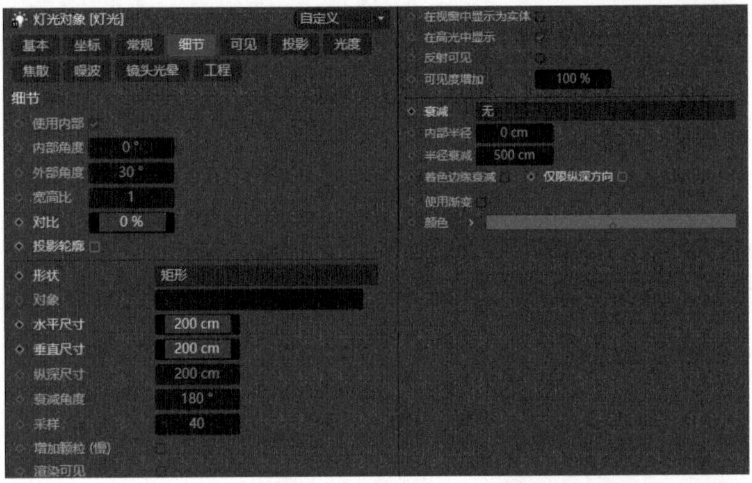

图4-12

展开"形状"下拉菜单，在其中可以选择不同样式的灯光，如图4-13所示。相应的效果如图4-14所示。

图4-13

图4-14

立方体　　　　　　　　　半球体　　　　　　　　　对象/样条

图4-14（续）

✅ 提示 --->

在这些灯光样式中，只有"对象/样条"比较特殊。"对象/样条"本身没有形状，需要关联场景中的三维模型或二维样条线，让模型或样条线本身成为光源。

默认情况下灯光没有开启"衰减"，代表光可以照射到无限远的地方，然而在现实生活中无论是自然光还是人工光源都有衰减，距离光源越远的地方，所受到光线照射的强度也就越小。展开"衰减"下拉菜单，在其中可以选择不同的灯光衰减方式，如图4-15所示。一般选择"平方倒数（物理精度）"，这是最接近现实生活光源的衰减方式。每种衰减方式对应的效果如图4-16所示。

图4-15

平方倒数（物理精度）　　　　　线性　　　　　　　步幅　　　　　　倒数立方限制

图4-16

✅ 提示 --->

无论选择哪种衰减方式，都会在灯光外侧生成一个球形控制器。这个控制器表示灯光的衰减范围，通过"步幅"的效果能很直观地观察到控制器内的对象会被照射，而控制器外的对象不会被照射。调整"半径衰减"的值就可以精确调整控制器的大小。当然，日常制作时，一般会在视图窗口中通过手动拖曳来调整控制器大小。

4.2.2 无限光

"无限光" 无限光 是一种带方向的灯光，常用来模拟太阳光。下面以图4-17所示的场景为例讲解无限光的使用方法。

单击"无限光"按钮 无限光 后场景中会生成一个带方向的灯光，如图4-18所示。如果要调整灯光的照射方向，需要通过"旋转"工具 ↻ 进行调整，如图4-19所示，"位置"工具 ✛ 只能调整灯光所处的位置。

图4-17　　　　　　　　　　图4-18　　　　　　　　　　图4-19

"无限光"工具 无限光 的参数与"灯光"工具 灯光 的基本相同，在"衰减"上稍有区别，开启"衰减"后会呈现一个平面，如图4-20所示。

✅ 提示 --->

"无限光" 无限光 开启"衰减"后视图窗口中的画面容易曝光，但并不影响渲染的画面效果。

图4-20

4.2.3 日光

"日光" 🔆日光 与 "无限光" 🔆无限光 非常相似，都是模拟真实的太阳光效果。"日光"工具🔆日光的参数与"无限光"工具🔆无限光 唯一的区别是它多一个"太阳表达式"选项卡，如图4-21所示。

在这个选项卡里，可通过调整时间和城市位置来模拟真实的太阳位置、太阳颜色和太阳照射角度，如图4-22所示。

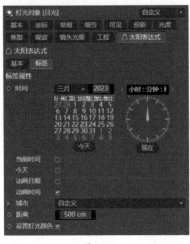

图4-21

图4-22

📝 提示 ································· >

"日光"工具🔆日光 在控制灯光时虽然很真实，但操作起来没有"无限光"工具🔆无限光那么灵活。

4.2.4 HDRI材质

HDRI材质不是灯光工具，它通过自带亮度属性的贴图进行照明，常常添加在"天空"对象上，作为场景整体的环境光。HDRI材质在绝大多数的场景中都是不可或缺的，在不添加任何灯光的情况下，就能照亮整个场景，提供柔和的照明效果。

下面介绍HDRI材质的使用方法。

第1步： 单击"天空"按钮🔆天空 在场景中创建"天空"对象。

第2步： 按快捷键Shift+F8打开"资产浏览器"并选中HDRIs选项，就可以在右侧查看系统提供的多种HDRI材质，如图4-23所示。右侧的预览效果能大致表明照明效果。

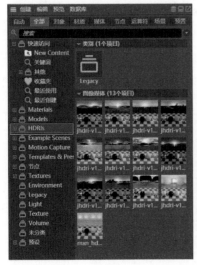

图4-23

📝 提示 ································· >

Legacy文件夹中还包含多种材质，这些材质是旧版软件的"资产浏览器"携带的，读者也可以拿来使用，如图4-24所示。

图4-24

第3步：随意选中一个材质，将其拖曳到"材质管理器"面板中，然后从"材质管理器"面板中将该材质拖曳到"天空"对象上，如图4-25所示。按快捷键Shift+F2可以打开"材质管理器"面板。

第4步：按快捷键Shift+R渲染场景，渲染效果如图4-26所示。

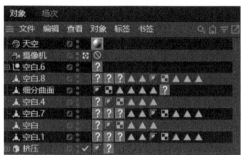

图4-25

图4-26

📋 提示

HDRI材质不同，所产生的亮度和颜色也不同，如图4-27所示。旋转"天空"对象，能调整光照的方向。

图4-27

案例实训：制作场景灯光

案例文件　案例文件>CH04>案例实训：制作场景灯光
视频名称　案例实训：制作场景灯光.mp4
学习目标　掌握灯光和HDRI材质的用法

运用"灯光"工具和HDRI材质，可以为任何类型的场景添加光源，案例效果如图4-28所示。

01 打开本书学习资源"案例文件>CH04>案例实训：制作场景灯光"文件夹中的练习文件，场景中已经建好了摄像机和材质，只需要添加灯光即可，如图4-29所示。

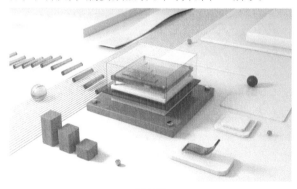

图4-28

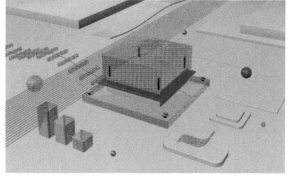

图4-29

02 单击"天空"按钮 ⚹天空 添加"天空"对象，然后按快捷键Shift+F8打开"资产浏览器"，选择图4-30所示的HDRI材质。

03 按快捷键Shift+F2打开"材质管理器"面板，然后将上一步选择的HDRI材质拖曳到"材质管理器"面板中，如图4-31所示。

04 将"材质管理器"面板中的HDRI材质拖曳到"对象"面板中的"天空"对象上，如图4-32所示。

图4-30

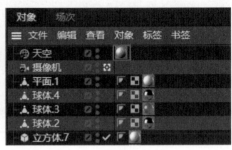

图4-31　　　　图4-32

📝 提示 --

在旧版软件中，"资产浏览器"中的HDRI材质可以直接添加到"对象"面板中的对象上，但在2023版软件中，需要先将HDRI材质添加到"材质管理器"面板中，然后再添加到"对象"面板中。

05 按快捷键Shift+R预览灯光效果，如图4-33所示。画面中的模型虽然都被照亮了，但缺少明显的投影，画面整体也比较平淡。

06 单击"灯光"按钮 ⚹灯光 在场景中创建灯光，然后移动灯光到画面的左上角，如图4-34所示。

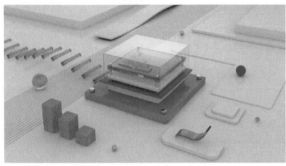

图4-33

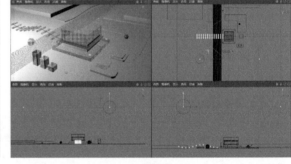

图4-34

07 选中上一步创建的灯光，在"常规"选项卡中设置"颜色"为白色、"强度"为70%、"投影"为"区域"，如图4-35所示。

08 在"细节"选项卡中设置"形状"为"球体"、"衰减"为"平方倒数（物理精度）"、"半径衰减"为1382.8955cm，如图4-36所示。

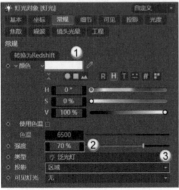

图4-35

图4-36

📝 提示 --

"半径衰减"的值仅作为参考，"衰减"的控制器能包裹住摄像机拍摄范围内的物体即可。

09 按快捷键Shift+R渲染场景,案例最终效果如图4-37所示。

图4-37

案例实训: 制作展示灯光

案例文件	案例文件>CH04>案例实训:制作展示灯光
视频名称	案例实训:制作展示灯光.mp4
学习目标	掌握无限光和HDRI材质的用法

运用"无限光"工具 也可以制作场景的灯光,再配合HDRI材质,能呈现很好的效果,案例效果如图4-38所示。

01 打开本书学习资源"案例文件>CH04>案例实训:制作展示灯光"文件夹中的练习文件,场景中已经创建了摄像机和材质,如图4-39所示。

02 单击"天空"按钮 创建"天空"对象,然后在"资产浏览器"中将图4-40所示的HDRI材质添加到"天空"对象上。

图4-38

图4-39

图4-40

03 按快捷键Shift+R渲染场景,灯光效果如图4-41所示。

04 单击"无限光"按钮 在场景中创建无限光,然后调整灯光的照射角度,使其从画面左上角向下照射,如图4-42所示。

图4-41

图4-42

05 选中无限光，在"常规"选项卡中设置"颜色"为白色、"强度"为30%、"投影"为"区域"，如图4-43所示。

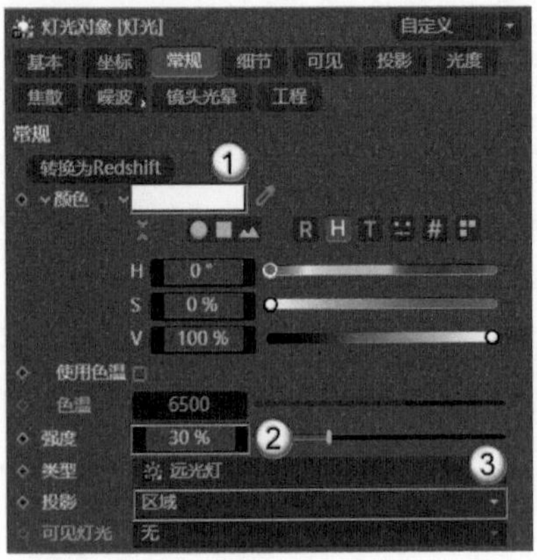

图4-43

06 在"细节"选项卡中设置"衰减"为"平方倒数（物理精度）"、"半径衰减"为1663cm，如图4-44所示。

图4-44

☑ 提示 ------------------------------>

"半径衰减"的值不是固定的，只要超过地面就能将场景中的对象照亮。

07 按快捷键Shift+R渲染场景，案例最终效果如图4-45所示。

图4-45

4.3 不同类型场景的布光思路

相对于用3ds Max制作室内、室外场景时较为复杂的布光，使用Cinema 4D针对不同行业场景的布光则较为简单。

4.3.1 产品场景布光思路

在Cinema 4D中制作的产品场景多为电商海报类场景。在为这类场景添加灯光时，常使用三点布光法。

三点布光法又称为区域照明法，一般用于较小范围的场景照明。如果场景很大，可以把它拆分成若干个较小的区域进行布光。一般布置3个光源，分别为主光源、辅助光源与轮廓光源，如图4-46所示。

图4-46

主光源： 通常用来照亮场景中的主要对象及其周围区域，并且给主体对象投影。场景的主要明暗关系和投影方向都由主光源决定。主光源也可以根据需要由几个灯光组成。

辅助光源： 又称为补光，是一种均匀的、非直射性的柔和光源。辅助光源用来填充阴影区以及被主光源遗漏的场景区域，调和明暗区域之间的反差，同时形成景深与层次。这种广泛均匀布光的特性使它能为场景打一层底色，定义场景的基调。由于要达到柔和照明的效果，因此辅助光源的亮度通常只有主光源的50%~80%。

轮廓光源： 又称为背光，用于将主体与背景分离，帮助凸显空间的形状和深度。轮廓光源尤其重要，特别是当主体呈现暗色且背景也很暗时，轮廓光源可以清晰地将二者进行区分。轮廓光源通常是硬光，以便强调主体轮廓。

除了三点布光法外，只用主光源和辅助光源也可以进行布光，如图4-47和图4-48所示。这两种布光方式都是主光源全开，辅助光源强度为主光源的一半甚至更少，这样会让对象呈现更加立体的效果。

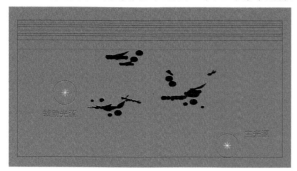
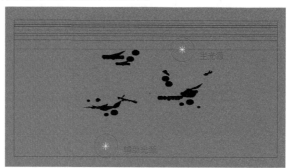

图4-47　　　　　　　　　　　　　　　　　　　图4-48

4.3.2 室内场景布光思路

使用Cinema 4D制作室内场景时，布光就稍微复杂一些，需要根据室内模型的结构确定光源的方向。图4-49所示是一个室内场景，场景的左侧是一扇落地窗，也就是整个场景主光源的位置。创建主光源有两种方法：一种是用HDRI材质模拟环境光，用无限光模拟太阳光，效果如图4-50所示；另一种是运用灯光模拟环境光，效果如图4-51所示。

图4-49　　　　　　　　　　图4-50　　　　　　　　　　图4-51

☑ 提示 -- ＞
上面的场景中没有落地灯和吊灯等人工光源模型，如果有，可用灯光模拟灯泡发光的效果。如果场景中有射灯和筒灯这类光源模型，可以用IES灯光进行模拟。

4.3.3 室外场景布光思路

室外场景的布光思路很简单，只需要模拟自然光源即可。HDRI材质模拟环境光、无限光模拟太阳光，这个组合可以应对绝大多数的场景。如果要做夜景，就需要在建筑内添加灯光，模拟出室内的人工光源。

无论是写实类建筑还是卡通类建筑，都可以运用上面讲到的布光思路。

☑ 提示 -- ＞
HDRI材质+无限光的组合中，可以将无限光替换为灯光，阴影会更柔和。

案例实训：制作室内灯光

案例文件　　案例文件>CH04>案例实训：制作室内灯光
视频名称　　案例实训：制作室内灯光.mp4
学习目标　　熟悉室内场景灯光的布置方法

　　本案例运用"无限光"工具 无限光 和"灯光"工具 灯光 模拟自然光照效果，制作室内场景的灯光，案例效果如图4-52所示。

01 打开本书学习资源"案例文件>CH04>案例实训：制作室内灯光"文件夹中的练习文件，如图4-53所示。

图4-52

图4-53

02 场景中已经建立好了摄像机和材质，需要为其添加灯光。在透视视图中观察整个场景，可以看到摄像机的右侧有一扇窗户，这是整个空间唯一能接收自然光的地方，如图4-54所示。

03 使用"灯光"工具 灯光 在窗外创建一个灯光，位置如图4-55所示。

04 在"常规"选项卡中设置"颜色"为浅蓝色，"强度"为60%，"投影"为"区域"，如图4-56所示。

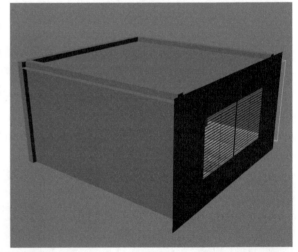

图4-54

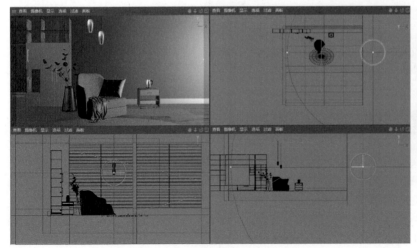

图4-55

图4-56

☑ 提示 ----------------------->

　　"强度"的值只是暂定，后续需要根据渲染效果灵活调整。

05 在"细节"选项卡中设置"衰减"为"平方倒数（物理精度）"，"半径衰减"为1541.4249cm，如图4-57所示。

06 按快捷键Shift+R渲染场景，灯光效果如图4-58所示。

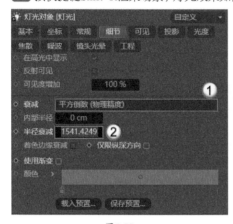

图4-57 图4-58

07 有了蓝色的环境光，还需要补一个太阳光。使用"无限光"工具 ，在窗外创建灯光模拟太阳光，位置如图4-59所示。

08 在"常规"选项卡中设置"颜色"为浅黄色，"强度"为100%，"投影"为"区域"，如图4-60所示。

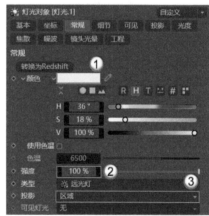

图4-59 图4-60

09 在"细节"选项卡中设置"衰减"为"平方倒数（物理精度）"，"半径衰减"为1667cm，如图4-61所示。

10 按快捷键Shift+R渲染场景，案例最终效果如图4-62所示。

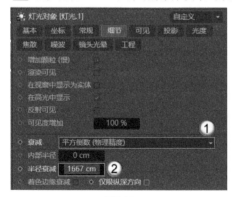

图4-61 图4-62

📋 提示 --- ⟩

　　案例中模拟环境光的"灯光"工具 也可以替换为HDRI材质。

4.4 技术汇总与解析

Cinema 4D的灯光技术整体来讲还是很简单的,"灯光"工具 灯光 、"无限光"工具 无限光 和HDRI材质需要着重掌握。

电商平面设计是Cinema 4D运用中很重要的领域,因此三点布光法需要重点掌握,以便在遇到不同的场景时能根据摄像机的角度灵活调整灯光位置和强度。室内设计和建筑表现在Cinema 4D中运用不多,虽然也可以做,但该行业主要还是运用3ds Max+VRay,这部分的布光思路读者只需要了解即可。

4.5 灯光技术拓展实训

学完本章的内容后,读者可以通过以下两个拓展实训复习、巩固所学的知识。读者既可以参照效果图进行练习,也可以自由发挥。

拓展实训:制作创意场景灯光

案例文件　案例文件>CH04>拓展实训:制作创意场景灯光
视频名称　拓展实训:制作创意场景灯光.mp4
学习目标　练习展示类场景的布光

本案例是一个主题类模型,用于制作创意海报。场景中的灯光按照产品场景的布光思路进行制作,效果如图4-63所示。

训练要求和思路如下。

第1点: 打开本书学习资源"案例文件>CH04>拓展实训:制作创意场景灯光"文件夹中的练习文件。

第2点: 使用"灯光"工具 灯光 创建主光源,放在摄像机左侧。

第3点: 使用"灯光"工具 灯光 创建辅助光源,放在摄像机右侧,并降低灯光强度。

第4点: 创建"天空"对象,并添加HDRI材质模拟环境光。

图4-63

拓展实训:制作产品海报灯光

案例文件　案例文件>CH04>拓展实训:制作产品海报灯光
视频名称　拓展实训:制作产品海报灯光.mp4
学习目标　练习展示类场景的布光

产品海报是常见的场景类型,本案例运用HDRI材质制作灯光,效果如图4-64所示。

训练要求和思路如下。

第1点: 打开本书学习资源"案例文件>CH04>拓展实训:制作产品海报灯光"文件夹中的练习文件。

第2点: 创建"天空"对象,并添加HDRI材质模拟环境光。

图4-64

第5章

材质与纹理技术

本章主要讲解 Cinema 4D 的材质与纹理技术。利用 Cinema 4D 的"材质编辑器"面板可以模拟出现实生活中绝大多数的材质。

本章学习要点

▶ 掌握材质的创建与赋予方法

▶ 掌握"材质编辑器"面板中的常用属性

▶ 掌握"材质编辑器"面板中的常见纹理贴图

5.1 行业中常用的材质类型分析

Cinema 4D在电商海报、视觉设计和游戏美术行业应用较多，所使用的材质类型与这些行业也有关。电商海报类作品在材质表现上以塑料、金属为主。视觉设计类作品所用材质较为丰富，包括塑料、金属、自发光、玻璃等。游戏美术类作品用的材质较为简单，常以纯色为主。

5.2 默认材质与Redshift材质

Cinema 4D提供了两套材质。一套是默认材质，配合"标准"和"物理"两个渲染器使用。另一套是Redshift材质，配合Redshift渲染器使用。"标准"和"物理"渲染器无法识别并渲染Redshift材质。

两套材质各有优势，然而 Redshift材质需要付费才能使用，本书就只讲解默认材质。读者若有兴趣，可以在网络上搜索观看Redshift材质的相关教程。

5.3 材质的创建与赋予

创建材质、调整材质和赋予材质是为对象添加材质的顺序。本节将讲解如何创建材质和赋予材质。

5.3.1 材质的创建

单击工具栏1中的"材质管理器"按钮，视图窗口右侧就会弹出"材质管理器"面板。在该面板中可以创建新的材质，如图5-1所示。创建材质的方法有以下5种。

第1种： 执行"创建>新的默认材质"菜单命令，如图5-2所示。

第2种： 按快捷键Ctrl+N。

第3种： 双击"材质管理器"面板，自动创建新的默认材质，如图5-3所示。

第4种： 单击"材质管理器"面板中的"新的默认材质"按钮，创建新的材质，如图5-4所示。这种方法是S24版本新添加的，在以往的版本中没有。

图5-1 　　　　　　图5-2 　　　　　　图5-3 　　　　　　图5-4

第5种： 执行"创建>材质"菜单命令，在弹出的子菜单中选择需要的材质进行创建，如图5-5所示。

图5-5

📋 提示 ------------------------------

当创建了材质且没有赋给场景中的任何对象时，直接在"材质管理器"面板中选中需要删除的材质，然后按Delete键即可删除。

当材质已经赋给场景中的对象时，在"对象"面板中单击材质的图标，然后按Delete键，如图5-6和图5-7所示。此时只是为对象移除了材质，但材质还存在于"材质管理器"面板中，选中材质后按Delete键即可删除。

图5-6 　　　　　　　　　　图5-7

5.3.2 材质的赋予

创建好的材质可以直接赋予需要的模型，具体方法有4种。

第1种： 拖曳材质到视图窗口中的模型上，然后松开鼠标，即可将材质赋予模型。

第2种： 拖曳材质到"对象"面板中的对象上，然后松开鼠标，即可将材质赋予模型，如图5-8所示。

图5-8

第3种： 保持需要被赋予材质的模型的选中状态，然后在材质图标上单击鼠标右键，接着在弹出的快捷菜单中选择"应用"命令，如图5-9所示。

第4种： 选中场景中的对象和需要赋予的材质，然后单击"材质管理器"面板中的"应用"按钮，如图5-10所示。这种方法是S24版本新添加的，在以往的版本中没有。

图5-9　　　　图5-10

📋 提示

可以将修改好参数的材质保存，以便以后使用。保存材质的方法很简单，选中需要保存的材质，然后执行"创建>另存材质"菜单命令，如图5-11所示，接着在弹出的窗口中设置路径和材质名称并进行保存即可。

加载材质是将设置好的材质直接加载调用，省去设置材质的过程，可以极大地提升制作效率。加载材质的方法是执行"创建>加载材质"菜单命令，如图5-12所示，然后在弹出的窗口中选择需要的材质。

图5-11　　　　图5-12

5.4 默认材质详解

双击新建的空白材质的图标，会弹出"材质编辑器"面板，如图5-13所示。"材质编辑器"面板是用于对材质属性进行调节的面板，包含"颜色""漫射""发光""透明"等12种属性。

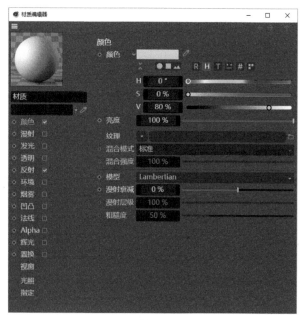

图5-13

5.4.1 颜色

下面以一个小场景为例,讲解默认材质的使用方法,场景如图5-14所示。

"材质编辑器"面板默认打开的是"颜色"选项的面板,如图5-15所示。

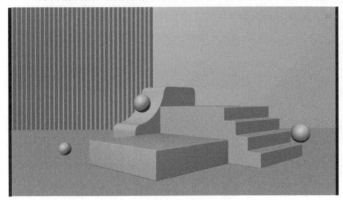

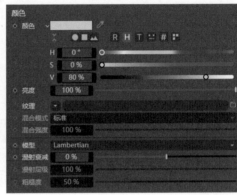

图5-14 图5-15

"颜色"用于设置材质的固有色,和设置灯光颜色的方法一样,可以通过设置色块或H、S、V的值来设定颜色,对比效果如图5-16所示。

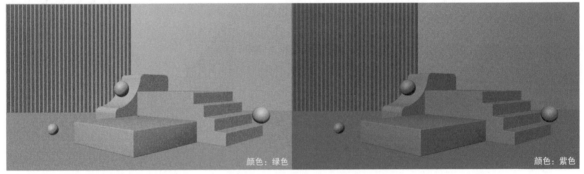

图5-16

☑ 提示 -->

固有色是指材质本身的颜色。这个颜色没有受到反射、折射和自发光等属性的影响。

"纹理"通道可以加载软件自带的纹理贴图,也可以加载外部贴图。加载的贴图会替代"颜色"的色值,成为材质的固有色,如图5-17所示。

图5-17

"混合模式"用于调节纹理贴图与"颜色"的混合方式,如图5-18所示。默认的"标准"模式是用贴图替换颜色。"添加"模式是将颜色与贴图进行叠加,"减去"模式是使贴图与颜色相减,"正片叠底"模式是将贴图与颜色进行加深叠加,如图5-19所示。

图5-18

图5-19

也可以通过设置"混合强度"
的值来调节贴图与颜色之间的混合
量,如图5-20所示。

图5-20

5.4.2 发光

勾选"发光"复选框后,材质会产生自发光效果,面板中的参数如图5-21所示。效果如图5-22所示。

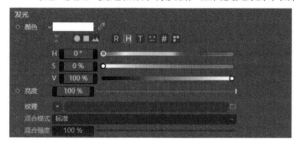

图5-21

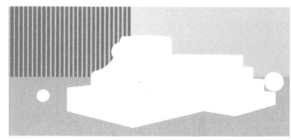

图5-22

"颜色"用于控制材质的自发光颜色,会与材质的固有色叠加,如图5-23所示。如果不勾选"颜色"复选框,就
只显示自发光颜色,如图5-24所示。

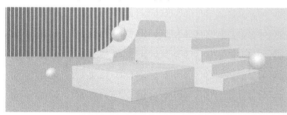

图5-23

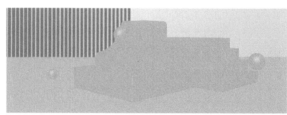

图5-24

"亮度"用于控制自发光的亮度,数值越大,材质会越亮,如图5-25所示。

在"纹理"通道中,可以通过加载贴图来控制自发光效果,当加载的贴图是黑色时就没有自发光效果,如图
5-26所示。

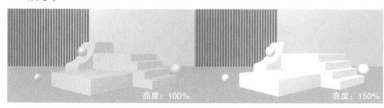

图5-25

图5-26

5.4.3 透明

如果要制作玻璃和水这一类透明的材质，就要勾选"透明"复选框，如图5-27所示。

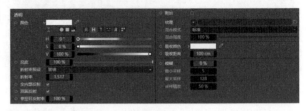

图5-27

"颜色"有两个作用：第1个是通过颜色的灰度控制材质的透明程度，颜色越白，透明度越高，如图5-28所示；第2个是控制材质折射的颜色，如图5-29所示。

白色　　　　　　　　　　　　　灰色

图5-28

红色　　　　　　　　　　　　　青色

图5-29

"折射率预设"可以帮助用户快速确定材质的折射率，在下拉菜单中选择与材质相似的命令，系统就会自动设置折射率，如图5-30所示。当然，用户也可以通过输入"折射率"的值来确定材质的折射率。

📝 提示 --->

下面介绍一些常见材质的折射率。

气泡:0.8　水:1.33　玻璃:1.517　塑料:1.6　钻石:2.4

图5-30

在"纹理"通道中，可以通过加载的贴图来控制折射的颜色和透明度，如图5-31所示。

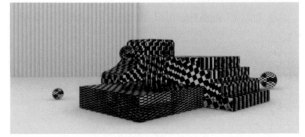

图5-31

"吸收颜色"用于控制透明材质的内部颜色,如图5-32所示。"吸收距离"用于设置内部颜色的浓度,如图5-33所示。

红色   青色

图5-32

吸收距离: 100cm   吸收距离: 50cm

图5-33

☑ 提示 -->

当"吸收颜色"为白色时,无论怎样设置"吸收距离"都不会有任何变化。

如果要制作磨砂类的透明材质(磨砂玻璃等),可以设置"模糊"的值,如图5-34所示。

模糊: 10%   模糊: 30%

图5-34

5.4.4 GGX反射

"反射"是材质必备的属性,任何材质都带有一定的反射效果。图5-35所示是默认反射层的参数。

单击"添加"按钮,可以在默认反射层上添加其他类型的反射,如图5-36所示。

☑ 提示 ---------------------->

在"类型"下拉菜单中可以切换不同的反射类型。

图5-35   图5-36

　　添加其他类型的反射后，会生成一个新的层，如图5-37所示。新的反射层可以理解为Photoshop中的图层，通过层的混合模式（普通）和层的强度（可以理解为层的透明度）与下方的默认反射层进行混合。

　　日常工作中，默认反射层运用得不多，更多是运用GGX反射层。添加GGX反射层后，反射的参数会有较大的变化，材质会呈现金属质感，如图5-38所示。

📋 提示 --------------------------------->

　　GGX反射层可以模拟绝大多数材质的反射效果，且参数设置较为简单，在日常工作中运用较多。

图5-37　　　　　　　　　　　　　　　　图5-38

　　"粗糙度"用于控制材质表面的光滑程度。例如，表面光滑的塑料和磨砂质感的塑料在"粗糙度"上有很大的区别，如图5-39所示。数值越小，材质的表面就越光滑。

粗糙度：5%　　　　　　　　　　　　　　　粗糙度：30%

图5-39

　　"反射强度"用于控制材质的反射程度，数值越小，反射越弱，如图5-40所示。

反射强度：100%　　　　　　　　　　　　反射强度：200%

图5-40

　　"高光强度"用于控制材质反射的高光范围，数值越大，高光越明显。图5-41所示是相同反射强度下不同高光强度的材质对比效果。

高光强度：20%　　　　　　　　　　　　高光强度：50%

图5-41

"层颜色"中的参数用于控制反射层的颜色或纹理。默认情况下反射区域为白色，也可以设置为其他颜色，如图5-42所示。在"纹理"通道中，也可以添加贴图来控制反射的强度和范围，如图5-43所示。

图5-42

图5-43

✅ 提示 -- 〉

系统识别"纹理"通道中的贴图的灰度值来控制反射的强度。贴图越趋近于白色反射越强，越趋近于黑色反射越弱。

"层遮罩"可以理解为反射层的蒙版，可通过在"纹理"通道中添加贴图控制遮罩的样式，然后在"混合模式"下拉菜单中选择"层遮罩"与"层颜色"的混合方式。图5-44所示是设置"层遮罩"的颜色为红色并添加贴图，与"层颜色"为"添加"混合模式的效果。

图5-44

✅ 提示 -- 〉

"层遮罩"在识别"纹理"通道中的贴图时，也是根据贴图的灰度值进行判断的。贴图越趋近于白色，遮罩层的颜色越明显；颜色越趋近于黑色，"层颜色"越明显。

"层菲涅耳"是一个很重要的属性，用于控制菲涅耳反射效果，参数如图5-45所示。菲涅耳反射是现实生活中存在于任何物体上的一种物理现象，图5-46所示是人站在湖边观察水面，低头看近处的水面时，视线与水面较为垂直，此时水面的反射不强。如果抬头看水面，视线与水面成一定的夹角，夹角越小，水面的反射就越强。

图5-45

图5-46

在Cinema 4D中，菲涅耳反射有两种类型，一种是"绝缘体"，另一种是"导体"，如图5-47所示。设置材质的菲涅耳反射类型时，就要选择其中的类型。与物理定义中的绝缘体和导体不同，Cinema 4D中的导体指金属类材质，而绝缘体指非金属类材质。选中"绝缘体"或"导体"选项后，在"预置"下拉菜单中就可以选择相应的材质类型，如图5-48所示。

图5-47　　　　　　　　　　　　　　　　图5-48

☑ 提示 --->

　　有读者可能会觉得疑惑，为什么"绝缘体"的"预置"下拉菜单中包含了很多物理定义中的导体（水、啤酒、乙醇等液体类材质），因为Cinema 4D是根据金属和非金属进行划分的，与物理定义有一定的差异，读者按照软件中的选项进行选择即可。

　　当增大材质的"粗糙度"的值后，很容易发现材质反射较强的位置出现白色的噪点。想解决这些噪点，让渲染的图片看起来更加精致，就需要在"层采样"中增大"采样细分"的值，如图5-49所示。

图5-49

☑ 提示 --->

　　增大"采样细分"的值后，会增加渲染的时长。

5.4.5 凹凸

　　在"凹凸"的"纹理"通道中加载灰度贴图，就可以根据贴图的灰度形成视觉上的凹凸纹理，参数如图5-50所示。效果如图5-51所示。

图5-50

图5-51

☑ 提示 --->

　　"凹凸"中加载的灰度贴图按照"黑凹白凸"的原理在模型的表面生成立体效果，但模型本身的布线没有发生任何改变。从某些角度看，模型似乎没有很强的凹凸效果。

5.4.6 Alpha

　　Alpha选项用于制作材质的镂空效果，其参数如图5-52所示。

　　在"纹理"通道中加载灰度贴图，系统会根据贴图的灰度形成镂空效果，如图5-53所示。按照"黑透白不透"的原则，趋于黑色的部分为镂空，趋于白色的部分不变。

图5-52

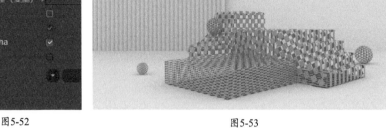

图5-53

提示 ------------- >
Alpha与"透明"都可以使模型生成透明效果，两者的区别是Alpha形成的是镂空透明，没有折射，而"透明"是有折射的且保留了模型的厚度。

5.4.7 辉光

"发光"选项只能让材质本身发光，并不能照亮周围的物体，但"辉光"既可以让材质本身发光，又可以照亮周围的物体，其参数如图5-54所示。

默认情况下，材质的辉光的颜色与材质的固有色相同，取消勾选"材质颜色"复选框，就能通过激活的"颜色"和"亮度"选项设置其他颜色及亮度。"内部强度"用于控制材质本身辉光的强度，如图5-55所示。

图5-54

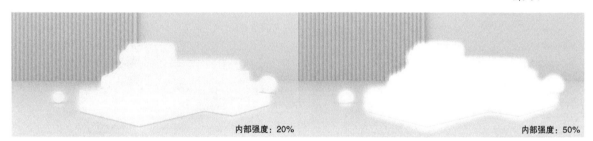

图5-55

"外部强度"用于控制材质照射范围内其他对象时的强度，如图5-56所示。"半径"用于控制辉光照射的范围，数值越大，照射的范围越大，如图5-57所示。

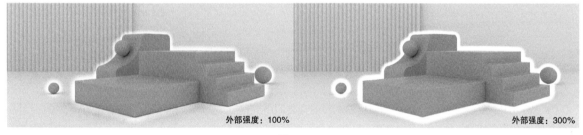

图5-56

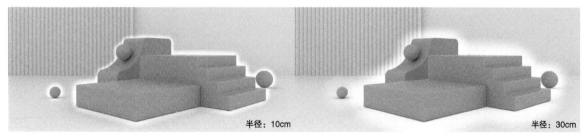

图5-57

"随机"用于控制辉光的半径随机范围，比起整齐的照射，随机距离的照射会更加自然，如图5-58所示。设置"频率"可以在渲染动画时生成闪烁的动画效果。

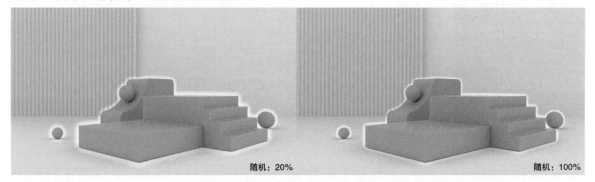

随机：20%　　　　　　　　　　　随机：100%

图5-58

5.4.8　置换

"置换"选项与"凹凸"选项类似，是在材质上形成凹凸纹理。不同的是，"置换"会直接改变模型的形状，而"凹凸"只是形成凹凸的视觉效果，如图5-59所示。

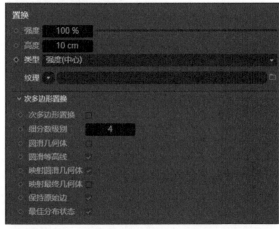

图5-59

在"纹理"通道中加载灰度贴图后，按照"黑凹白凸"的原则，贴图会改变模型的布线，生成真实的凹凸效果，如图5-60所示。

图5-60

5.5　纹理贴图与贴图坐标

Cinema 4D自带了一些纹理贴图，方便用户制作时直接调用。单击"纹理"通道右侧的箭头按钮，会弹出下拉菜单，里面包含很多预置的纹理贴图，如图5-61所示。

图5-61

5.5.1 噪波

"噪波"贴图常用于模拟凹凸颗粒、水波纹和杂色等效果，在不同通道中有不同的用途。"凹凸"面板的"纹理"通道中经常使用该功能。双击加载的"噪波"预览图会进入"着色器"选项卡，如图5-62所示，可以修改噪波的相关属性。

噪波默认为黑色和白色，即"颜色1"和"颜色2"中的颜色。通过调整"种子"的值，能随机更改噪波的分布形式。在"噪波"下拉菜单中能选择不同的噪波方式，如图5-63所示。"全局缩放"可以整体更改噪波的大小，而"相对比例"则分别修改x轴、y轴和z轴上的噪波大小。

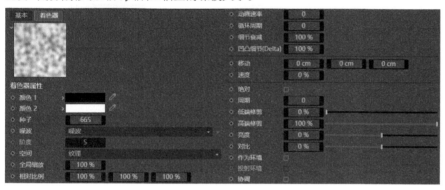

图5-62   图5-63

✔ 提示 -->

如果要删除加载的贴图，单击"纹理"通道右侧的箭头按钮■，然后在下拉菜单中选择"清除"命令。

5.5.2 渐变

"渐变"贴图用于模拟颜色渐变的效果，如花瓣、火焰等，其参数如图5-64所示。

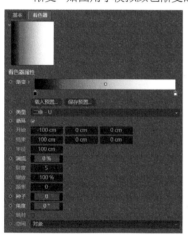

双击"渐变"色条下的色标后，可以在打开的对话框中调整色标的颜色和插值，如图5-65所示。在色条的任意位置单击就能添加一个色标，色标的数量没有限制。如果要删除多余的色标，选中色标后按Delete键即可。

✔ 提示 -->

"插值"用于控制色标之间的过渡方式，默认的"平滑"会让颜色之间呈现渐变效果，"步幅"会让颜色之间形成界限分明的色块，如图5-66所示。

图5-64   图5-65   图5-66

在"类型"下拉菜单中可以选择不同的渐变方式，如图5-67所示。调整"湍流"的值，会让均匀渐变的颜色形成随机的杂乱过渡效果，如图5-68所示。调整"角度"的值会改变渐变的方向。

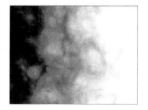

图5-67   图5-68

5.5.3 菲涅耳（Fresnel）

"菲涅耳（Fresnel）"贴图可以模拟菲涅耳反射效果，其参数如图5-69所示。在"渲染"下拉菜单中可以选择不同的类型，如图5-70所示。

与"渐变"贴图设置颜色的方法一样，"菲涅耳（Fresnel）"也可以设置颜色，一般会保持默认的黑色和白色。勾选"物理"复选框后，就可以设置"折射率（IOR）"的值，也可以通过右侧的"预置"快速设置折射率。

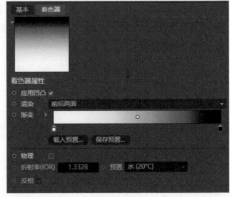

图5-69　　　　　　　　　图5-70

5.5.4 图层

"图层"贴图类似于Photoshop的图层属性，其参数如图5-71所示，在其中可以对图层进行编组、加载图像、添加着色器以及效果等。

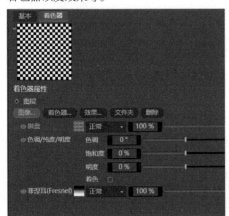

图5-71

图5-72

单击"图像"，会打开对话框加载外部贴图。单击"着色器"则会弹出下拉菜单，可以选择系统自带的贴图。单击"效果"会弹出下拉菜单，可以对整体图层进行一定的调整和编辑，如图5-72所示。单击"文件夹"会新建一个文件夹，可以将下方的贴图或效果都放入文件夹中，成为一个组。

📋 提示 ------------------------------->

"图层"着色器可以视为一个混合图层的着色器，将各种图层和效果进行混合，从而形成一个复杂的贴图。

5.5.5 效果和表面

"效果"贴图中包含多种预置贴图，如图5-73所示。"表面"贴图包含许多花纹纹理，能形成丰富的贴图效果，如图5-74所示。

像素化	接近	背光
光谱	样条	薄膜
变化	次表面散射	衰减
各向异性	法线方向	通道光照
地形蒙板	法线生成	镜头失真
扭曲	波纹	顶点贴图
投射	环境吸收	风化

图5-73

云	星空	火焰	金属
光晕	星系	燃烧	金星
公式	显示颜色	砖块	铁锈
地球	木材	简单噪波
大理石	棋盘	简单湍流
平铺	气旋	行星
星形	水面	路面铺装

图5-74

5.5.6 材质标签

将带有贴图的材质赋予模型后，经常会出现贴图混乱的问题，这就需要调整贴图坐标。调整贴图坐标最简单、直接的方法是在材质标签的"属性"面板中调整贴图的投射方式。

在"对象"面板中选中对象右侧的材质图标,"属性"面板中就会显示材质标签的相关信息,如图5-75所示。

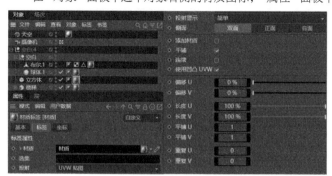

展开"投射"下拉菜单,就能选择不同的贴图投射方式,如图5-76所示,默认是"UVW贴图"投射方式。不同投射方式在模型上的效果如图5-77所示。

图5-75

球状	立方体	✓ UVW 贴图
柱状	前沿	收缩包裹
平直	空间	摄像机贴图

图5-76

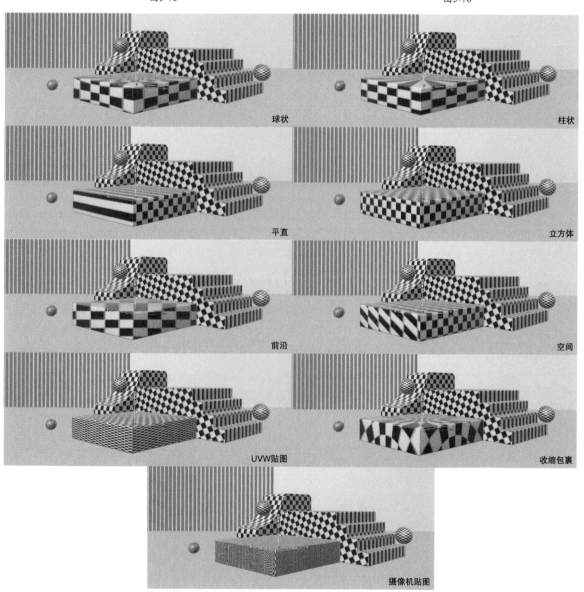

图5-77

调整"偏移U"和"偏移V"的值,可以让贴图在模型上平移,从而到达理想的位置。"长度U"和"长度V"用于控制贴图在模型上的缩放程度,在调整的同时,"平铺U"和"平铺V"的值会随之改变。

5.5.7 纹理模式

上一小节中调整贴图的位置和缩放程度的方式不够直观，运用"纹理"模式可以快速移动、旋转和缩放贴图。在工具栏1中单击"纹理"按钮，添加贴图的模型周围会出现控制器，如图5-78所示。

使用"移动"工具 ⊕、"旋转"工具 ◉ 和"缩放"工具 ◪ 就能调整控制器，从而改变贴图的位置、角度和大小，如图5-79所示。

图5-78

图5-79

💡 提示 --- ＞

当贴图的投射类型为"前沿""UVW贴图""摄像机贴图"时，"纹理"模式中不会出现贴图控制器。

5.5.8 UV编辑器

调整贴图坐标只能解决相对规则的物体贴图，如果遇到较为复杂的物体，就需要拆解UV后再添加贴图。切换到UVEdit界面，即UV编辑界面，如图5-80所示。在这个界面中可以自动快速拆解模型的UV，也可以手动渐进式拆解UV。需要注意的是，要拆解UV的模型必须为可编辑对象，参数对象无法激活相关按钮。

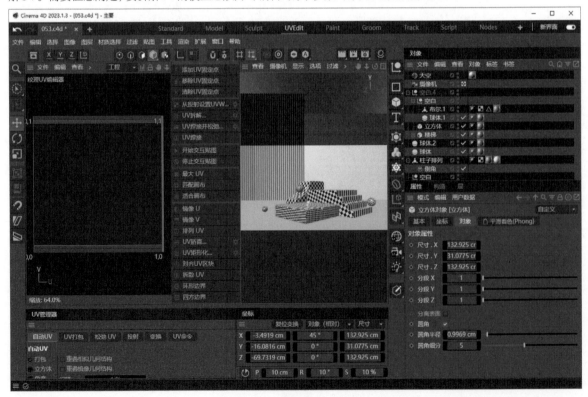

图5-80

单击"UV拆解"按钮，可以在左侧的"纹理UV编辑器"中看到拆解的UV效果，如图5-81所示。无论在"多边形"模式 下还是在"边"模式 下，选中"纹理UV编辑器"中的对象，都可以在右侧的透视视图中观察到相应的模型位置，这样就能方便、快速地识别相对应的UV，如图5-82所示。

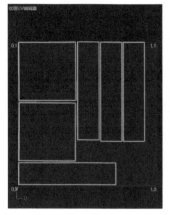

图5-81

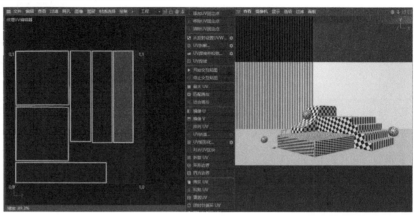

图5-82

5.6 行业主流材质实例

本节将通过一些实例讲解行业中运用较多的材质的制作方法。读者在学习时，不要死记硬背材质的参数，而要理解每种材质的制作思路，这样才能做到在实际工作中融会贯通。同一种材质会随着光线、环境和表现目的不同而产生灵活的变化，因此死记硬背参数是得不到想要的材质效果的。

案例实训：制作塑料材质

案例文件	案例文件>CH05>案例实训：制作塑料材质
视频名称	案例实训：制作塑料材质.mp4
学习目标	掌握不同塑料材质的制作方法

本案例通过小场景制作常见的纯色高光塑料材质、磨砂塑料材质和透明塑料材质，效果如图5-83所示。

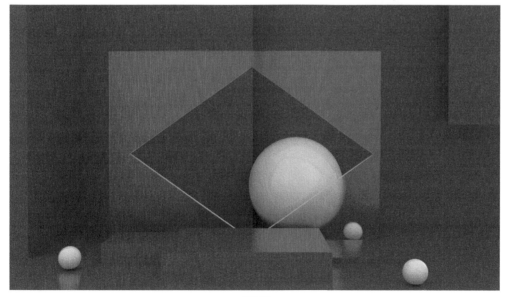

图5-83

01 打开本书学习资源 "案例文件>CH05>案例实训：制作塑料材质" 文件夹中的练习文件，如图5-84所示。

02 制作纯色高光塑料材质。在 "材质管理器" 面板中双击，新建一个默认材质，设置 "颜色" 为白色，如图5-85所示。

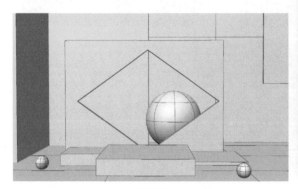

图5-84

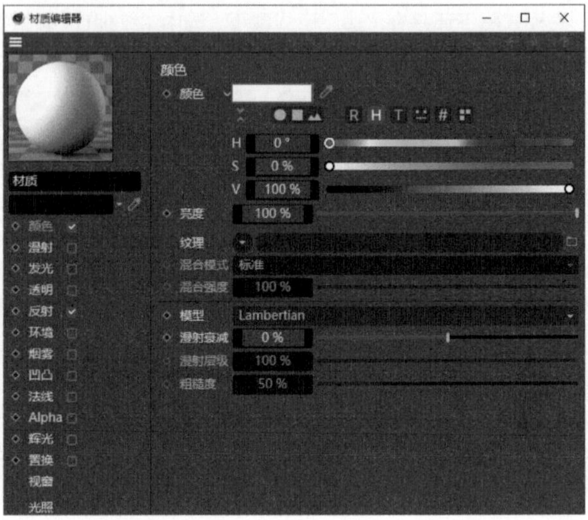

图5-85

03 在 "反射" 中单击 "添加" 按钮，添加GGX反射，设置 "粗糙度" 为1%、"反射强度" 为120%、"菲涅耳" 为 "绝缘体"、"预置" 为 "聚酯"，如图5-86所示。材质效果如图5-87所示。

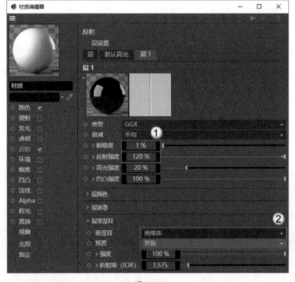

图5-86

图5-87

04 将材质赋予场景中的球体模型，效果如图5-88所示。

05 制作磨砂塑料材质。新建一个默认材质，设置 "颜色" 为橙色，如图5-89所示。

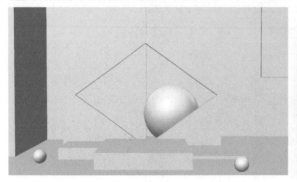

图5-88

图5-89

06 在"反射"中单击"添加"按钮,添加GGX反射,设置"粗糙度"为25%、"反射强度"为80%、"菲涅耳"为"绝缘体"、"预置"为"聚酯",如图5-90所示。材质效果如图5-91所示。

图5-90

☑ 提示 ---------------- >

　　磨砂塑料与高光塑料在做法上完全一致,只是个别参数的设置不同。读者可以将做好的白色高光塑料材质复制一份,修改参数,得到磨砂塑料材质。

图5-91

07 将材质赋予墙体和地面模型,效果如图5-92所示。

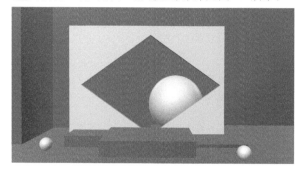

图5-92

08 制作透明塑料材质。将磨砂塑料材质复制一份,然后勾选"透明"复选框,设置"折射率预设"为"塑料(PET)"、"模糊"为10%,如图5-93所示。材质效果如图5-94所示。

09 将材质赋予场景中剩余的模型,然后按快捷键Shift+R渲染场景,案例最终效果如图5-95所示。

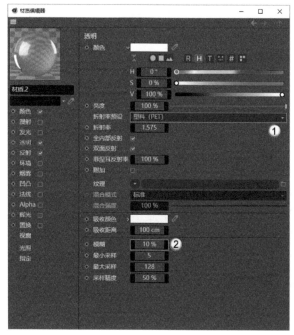

图5-93

图5-94

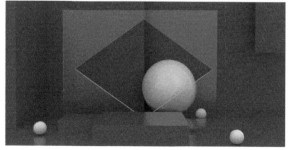

图5-95

案例实训：制作霓虹灯材质

案例文件　案例文件>CH05>案例实训：制作霓虹灯材质
视频名称　案例实训：制作霓虹灯材质.mp4
学习目标　掌握自发光材质的制作方法

在制作视觉类场景的时候，自发光材质的运用频率非常高。本案例运用一个简单的场景讲解自发光材质的制作方法，效果如图5-96所示。

01 打开本书学习资源"案例文件>CH05>案例实训：制作霓虹灯材质"文件夹中的练习文件，如图5-97所示。

02 制作金属边框材质。新建一个默认材质，设置"颜色"为黑色，如图5-98所示。

图5-96

图5-97

图5-98

03 添加GGX反射，设置"粗糙度"为20%、"菲涅耳"为"导体"、"预置"为"碳化硅"，如图5-99所示。材质效果如图5-100所示。

04 将材质赋予边缘的框架模型，效果如图5-101所示。

图5-99

图5-100

图5-101

05 制作玻璃材质。新建一个默认材质，取消勾选"颜色"复选框，并勾选"透明"复选框，然后设置"折射率预设"为"玻璃"、"模糊"为5%，如图5-102所示。

图5-102

06 添加GGX反射，设置"粗糙度"为5%、"菲涅耳"为"绝缘体"、"预置"为"玻璃"，如图5-103所示。材质效果如图5-104所示。

07 将材质分别赋予外壁模型，效果如图5-105所示。

图5-104

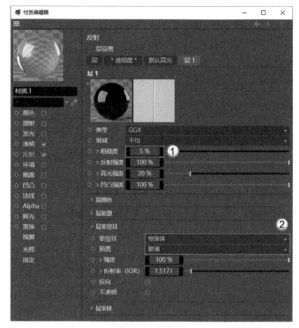

图5-103

图5-105

08 制作自发光材质。新建一个默认材质，只勾选"发光"复选框，然后设置"颜色"为白色，如图5-106所示。材质效果如图5-107所示。

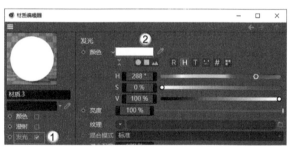

图5-106

图5-107

09 将材质赋予第一层的小球模型，如图5-108所示。

10 将白色的自发光材质复制一份，修改"颜色"为紫色、"亮度"为130%，如图5-109所示。

图5-108

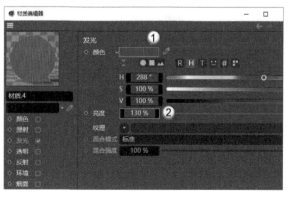

图5-109

⑪ 勾选"辉光"复选框，设置"内部强度"为20%、"外部强度"为100%、"随机"为20%，如图5-110所示。材质效果如图5-111所示。

⑫ 将材质赋予其他小球模型，效果如图5-112所示。

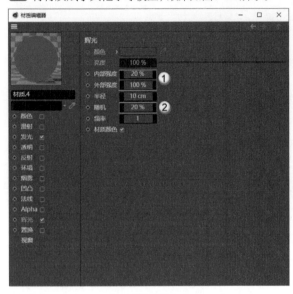

图5-110

图5-111

图5-112

⑬ 制作地面塑料材质。新建一个默认材质，设置"颜色"为深灰色，如图5-113所示。

⑭ 添加GGX反射，设置"粗糙度"为10%、"菲涅耳"为"绝缘体"、"预置"为"聚酯"，如图5-114所示。材质效果如图5-115所示。

⑮ 将材质赋予地面模型，效果如图5-116所示。

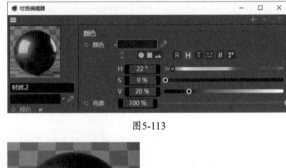

图5-113

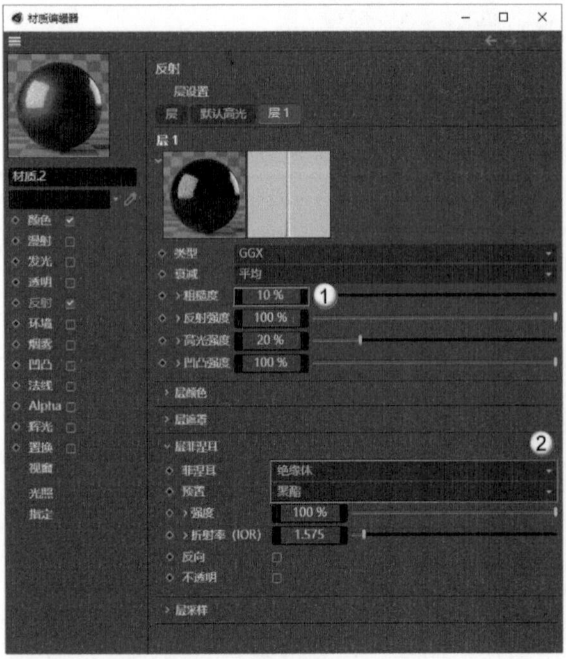

图5-114

图5-115

图5-116

16 制作背景材质。新建一个默认材质,设置"颜色"为深灰色,如图5-117所示。材质效果如图5-118所示。

17 将材质赋予背景模型,然后按快捷键Shift+R渲染场景,案例最终效果如图5-119所示。

图5-117

图5-118

图5-119

案例实训: 制作水和冰材质

案例文件	案例文件>CH05>案例实训: 制作水和冰材质
视频名称	案例实训: 制作水和冰材质.mp4
学习目标	掌握水材质和冰材质的制作方法

本案例运用一个简单的场景模拟水和冰的材质效果,效果如图5-120所示。

01 打开本书学习资源"案例文件>CH05>案例实训: 制作水和冰材质"文件夹中的练习文件,如图5-121所示。

图5-120

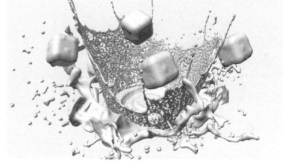

图5-121

02 制作水材质。新建一个默认材质,取消勾选"颜色"复选框,然后勾选"透明"复选框并设置"折射率预设"为"水"、"吸收颜色"为浅蓝色,如图5-122所示。

03 添加GGX反射,设置"粗糙度"为1%、"菲涅耳"为"绝缘体"、"预置"为"水",如图5-123所示。材质效果如图5-124所示。

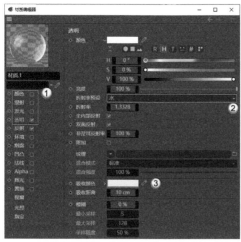

图5-122

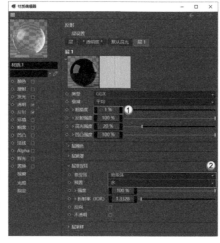

图5-123

图5-124

04 将水材质赋予场景中的液体模型，效果如图5-125所示。

05 制作冰材质。新建一个默认材质，取消勾选"颜色"复选框，勾选"透明"复选框并设置"折射率预设"为"水（冰）"、"吸收颜色"为浅蓝色、"模糊"为10%，如图5-126所示。

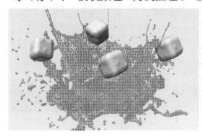

图5-125

图5-126

📝 提示 --- ⟩

冰材质和水材质的做法基本相同，读者可以将做好的水材质复制一份，修改参数，得到冰材质。

06 添加GGX反射，设置"粗糙度"为1%、"菲涅耳"为"绝缘体"、"预置"为"水（冰）"，如图5-127所示。材质效果如图5-128所示。

07 将冰材质赋予场景中的冰块模型，效果如图5-129所示。

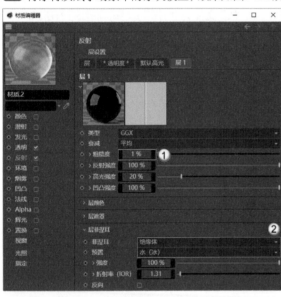

图5-128

图5-127

图5-129

08 制作背景材质。新建一个默认材质，然后在"颜色"的"纹理"通道中加载"渐变"贴图，如图5-130所示。

09 进入加载的"渐变"贴图，设置"渐变"的颜色为蓝色和黄色，然后设置"类型"为"二维-U"，如图5-131所示。材质效果如图5-132所示。

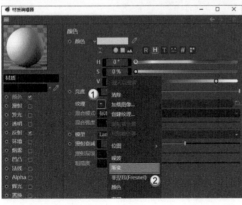

图5-130

图5-131

图5-132

10 将材质赋予背景模型,然后在"坐标标签"中调整"偏移U"和"长度U"的值,使贴图在画面中完整显示,如图5-133所示。

11 按快捷键Shift+R渲染场景,案例最终效果如图5-134所示。

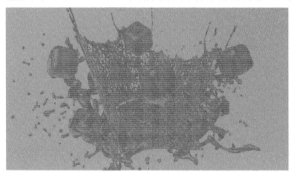

图5-133

图5-134

案例实训: 制作木纹材质

案例文件	案例文件>CH05>案例实训:制作木纹材质
视频名称	案例实训:制作木纹材质.mp4
学习目标	掌握木纹材质的制作方法

本案例学习木纹材质的制作方法,案例效果如图5-135所示。

01 打开本书学习资源"案例文件>CH05>案例实训:制作木纹材质"文件夹中的练习文件,如图5-136所示。

图5-135

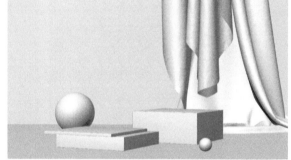

图5-136

02 制作木纹材质。新建一个默认材质,在"颜色"的"纹理"通道中加载学习资源中的500654248.jpg图片,如图5-137所示。

03 添加GGX反射,设置"粗糙度"为20%、"菲涅耳"为"绝缘体",如图5-138所示。

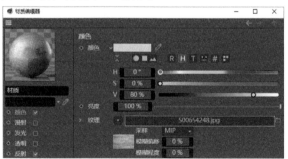

图5-137

图5-138

04 勾选"凹凸"复选框，在"纹理"通道中同样加载500654248.jpg文件，并设置"强度"为10%，如图5-139所示。材质效果如图5-140所示。

05 将材质赋予背景和地面模型，并利用"纹理"模式调整贴图的坐标，效果如图5-141所示。

图5-139　　　　　　　　　图5-140　　　　　　　　　图5-141

📋 提示 --

"纹理标签"和"纹理"模式两种方法任选其一，读者觉得哪种方法好用就用哪种。

06 制作大理石材质。在"颜色"的"纹理"通道中加载学习资源中的402134592.jpg文件，如图5-142所示。

07 添加GGX反射，设置"粗糙度"为5%、"菲涅耳"为"绝缘体"、"预置"为"玉石"，如图5-143所示。材质效果如图5-144所示。

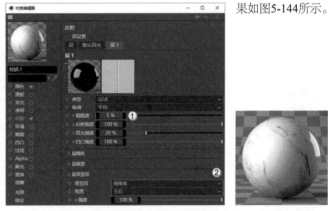

图5-142　　　　　　　　　图5-143　　　　　　　　　图5-144

📋 提示 --

在制作大理石材质时，"菲涅耳"的"预置"中没有大理石，因此选择了与大理石较为相似的"玉石"作为替代，读者也可以不设置"预置"，只设置"菲涅耳"为"绝缘体"。

08 将材质赋予立方体模型，并调整贴图坐标，如图5-145所示。

09 制作布料材质。新建一个默认材质，在"颜色"的"纹理"通道中添加"菲涅耳（Fresnel）"贴图，如图5-146所示。

10 在"菲涅耳（Fresnel）"贴图中设置"渐变"颜色，如图5-147所示。材质效果如图5-148所示。

图5-145

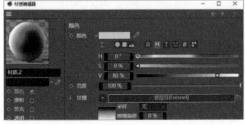

图5-146　　　　　　　　　图5-147　　　　　　　　　图5-148

11 将材质赋予布料模型，效果如图5-149所示。

12 制作玻璃材质。取消勾选"颜色"复选框，勾选"透明"复选框并设置"折射率预设"为"玻璃"，如图5-150所示。

图5-149

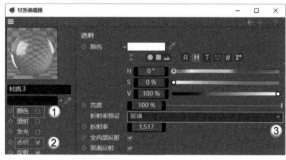
图5-150

13 添加GGX反射，设置"粗糙度"为1%、"菲涅耳"为"绝缘体"、"预置"为"玻璃"，如图5-151所示。材质效果如图5-152所示。

14 将材质赋予球体模型，按快捷键Shift+R渲染场景，效果如图5-153所示。

图5-151

图5-152

图5-153

5.7 技术汇总与解析

　　调整材质主要是调整"颜色""GGX反射""透明"这3个属性。"发光""凹凸""辉光"等属性是在这3个属性的基础上增加的。无论遇到什么样的材质，从"颜色""GGX反射""透明"3个维度进行分析，就能制作出材质的大致效果。

　　"颜色"决定了材质的固有色，可以是纯色，也可以是贴图。"GGX反射"决定了材质的反射强度、粗糙度和菲涅耳类型。"透明"决定了材质的透明程度和折射率。完成以上3部分，再配合其他属性，就能制作出想要的材质效果。

5.8 材质贴图拓展实训

　　下面通过两个拓展实训案例复习本章学习的材质制作方法和贴图使用方法。读者可以在已有的案例效果的基础上进行自由发挥，也可以将其他章的案例场景拿来练习。

拓展实训：制作科技分子场景

案例文件	案例文件>CH05>拓展实训：制作科技分子场景
视频名称	拓展实训：制作科技分子场景.mp4
学习目标	练习水材质的制作方法和渐变贴图的使用方法

本案例在一个简单的科技场景中制作分子模型和背景的材质，效果如图5-154所示。

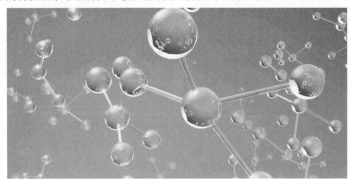

图5-154

训练要求和思路如下。

第1点： 打开本书学习资源"案例文件>CH05>拓展实训：制作科技分子场景"文件夹中的练习文件。

第2点： 制作水材质，将材质赋予场景中的分子模型。

第3点： 制作蓝色渐变材质，将材质赋予背景模型。

拓展实训：制作温馨休闲室场景

案例文件	案例文件>CH05>拓展实训：制作温馨休闲室场景
视频名称	拓展实训：制作温馨休闲室场景.mp4
学习目标	练习贴图和贴图坐标的使用方法

本案例需要为一个简单的休闲室场景制作材质，涉及贴图及贴图坐标，如图5-155所示。

图5-155

训练要求和思路如下。

第1点： 打开本书学习资源"案例文件>CH05>拓展实训：制作温馨休闲室场景"文件夹中的练习文件。

第2点： 制作墙体材质，需要加载贴图，调整贴图坐标。

第3点： 制作木桌的材质，需要加载贴图，调整贴图坐标。

第4点： 制作吊灯外侧的金属材质。

第5点： 制作吊灯内侧的自发光材质。

第 **6** 章

毛发与粒子技术

　　Cinema 4D 中的毛发可以模拟布料、刷子、头发和草坪等模型，通过引导线和毛发材质的相互作用，形成逼真的模型效果。粒子技术是通过设置粒子的相关参数，模拟密集对象群的运动，从而形成复杂的动画效果。

本章学习要点

▶ 掌握添加毛发的方法和毛发材质的使用方法

▶ 掌握粒子发射器的使用方法

▶ 掌握常用力场的使用方法

6.1 行业中毛发与粒子的分析

Cinema 4D中的毛发常用于模拟刷子、头发和草坪等模型，在电商海报、游戏美术和视觉设计等行业应用较多。毛发材质的用途较为广泛，除了在模拟毛发时可以使用外，在模拟粒子的运动轨迹时也可以使用。

粒子常用于制作一些视觉特效。Cinema 4D自带的粒子系统可以模拟出丰富的效果。如果读者有兴趣，还可以学习一些插件粒子系统，这些粒子系统比自带的粒子系统更加强大。

6.2 添加毛发和毛发材质

"模拟"菜单中有毛发相关的命令，如图6-1所示。使用这些命令不仅可以创建毛发，还可以对毛发进行属性上的修改。

图6-1

6.2.1 添加毛发

选中需要添加毛发的对象，然后执行"模拟>毛发对象>添加毛发"菜单命令，即可为对象添加毛发，添加的毛发会以引导线的形式呈现，如图6-2所示。

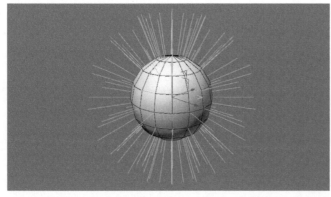

图6-2

> ☑ 提示 ------------------------------- >
>
> 在创建毛发模型的同时，会在"对象"面板中创建相关联的毛发材质，如图6-3所示。

图6-3

在"属性"面板中可调节毛发的相关属性，下面重点讲解常用的选项卡。

1.引导线

"引导线"选项卡用来设置毛发引导线的相关参数，如图6-4所示。通过引导线，能直观地观察毛发的生长形状。

图6-4

"链接"通道中显示的对象是毛发所在的对象。"数量"用于设置毛发的数量，这个数量会根据模型的面数自适应设置，有最大值，如图6-5所示。

"分段"用于控制毛发的分段。这个数值越大，弯曲的毛发越柔和、自然。"长度"用于控制毛发整体长度，如图6-6所示。

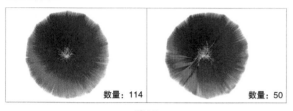

图6-5　　　　　　　　　　图6-6

"发根"用于控制毛发生长的具体位置，在下拉菜单中可以选择不同的位置，如图6-7所示。

图6-7

2.毛发

"毛发"选项卡用于设置毛发生长数量和分段等信息，如图6-8所示。在这个选项卡中设置的各项参数只能通过渲染才能观察效果，引导线不会有变化。

图6-8

"毛发"选项卡中也有"数量"参数，这里的"数量"代表毛发渲染的数量，该数值越大，渲染的毛发越浓密，如图6-9所示。"分段"同样是表示毛发在弯曲时的柔顺程度。

图6-9

展开"发根"下拉菜单，可以选择不同的毛发生长位置，如图6-10所示。勾选"与法线一致"复选框后，毛发生长方向将与模型表面的法线方向一致。

图6-10

调整"偏移"的值会让发根与模型表面产生一定的距离，如图6-11所示。在"密度"通道中加载灰度贴图，毛发会按照贴图的灰度进行生长，如图6-12所示。

图6-11　　　　　　　　　　图6-12

6.2.2 毛发材质

当创建毛发模型时,会在"材质管理器"面板中自动创建相应的毛发材质。双击毛发材质会打开"材质编辑器"面板,如图6-13所示。比起普通材质,毛发材质的属性更多。

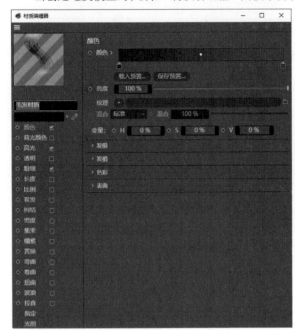

1.颜色

"颜色"选项用于设置毛发的颜色以及纹理效果,其参数如图6-14所示。

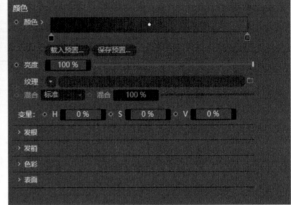

图6-13   图6-14

在"颜色"的色条上可以设置毛发从发根到发梢的颜色,和"渐变"的色条一样,可以添加多个颜色,形成不同的渐变效果。

"亮度"用于控制毛发颜色的量。当小于100%时,减小数值,颜色会越来越黑;当大于100%时,增大数值,颜色会越来越白。

在"纹理"通道中加载贴图,毛发的颜色就会按照贴图的样式显示。

2.高光

"高光"选项用于设置毛发的高光颜色,默认为白色,其参数如图6-15所示。拥有高光后,毛发才会有光泽感,显得更加真实。

"颜色"用于设置毛发高光的颜色,默认为白色。除非有特殊需求,一般来说不会更改高光颜色。

调整"强度"的值会更改高光的强度。"锐利"用于控制高光边缘的清晰度,如图6-16所示。

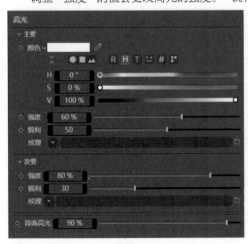

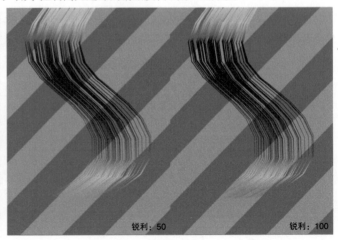

锐利: 50   锐利: 100

图6-15   图6-16

3.粗细

"粗细"选项用于设置发根与发梢的粗细,其参数如图6-17所示。自然的毛发,发梢要比发根细一些,但对于一些特殊的毛发模型,发梢可能与发根一样粗。

"发根"和"发梢"的值就代表毛发两端的粗细。"变化"用于控制发根和发梢在原有设置的基础上的随机变化量,这样毛发就不会呈现一样的粗细效果。

除了设置数值外,还可以通过"曲线"进行设置。曲线左侧代表发根的粗细,曲线右侧代表发梢的粗细,如图6-18所示。

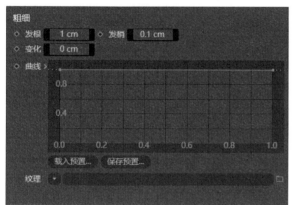

图6-17

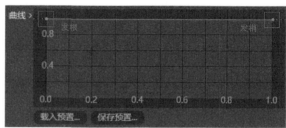

图6-18

4.长度

"长度"选项用于设置毛发的长度及变化,其参数如图6-19所示。与"引导线"中的长度不同,材质中的长度拥有更多的参数,毛发也可以有更多的变化。

图6-19

"长度"用于控制毛发整体的长度变化。"变化"用于控制在整体长度的基础上随机变化程度,如图6-20所示。
"数量"用于控制有多少毛发受到随机长度的影响,如图6-21所示。

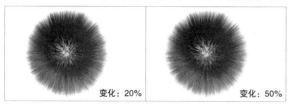

图6-20

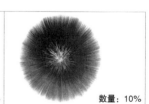

图6-21

5.集束

"集束"选项用于将毛发形成一簇一簇的集束效果,其参数如图6-22所示。

"数量"用于设置毛发需要集束的数量。

"集束"用于设置毛发集束的程度,数值越大,集束效果越明显,如图6-23所示。后面跟着的"变化"的值代表"集束"的值的随机变化程度。

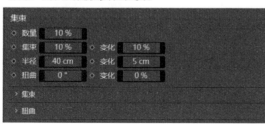

图6-22

图6-23

"半径"用于设置集束毛发的半径, 如图6-24所示。"扭曲"用于设置集束毛发的旋转角度, 如图6-25所示。

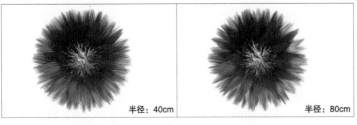

半径: 40cm

半径: 80cm

图6-24

图6-25

6.弯曲

"弯曲"选项用于将毛发弯曲, 其参数如图6-26所示。弯曲后的毛发是否柔顺, 与之前设置的毛发的"分段"值有关。

"弯曲"用于设置毛发弯曲的程度, 如图6-27所示。"变化"则用于控制"弯曲"的随机量。

弯曲: 30%

弯曲: 80%

图6-26

图6-27

"总计"用于设置需要弯曲的毛发数量, 一般情况下保持默认的100%。

"方向"用于设置毛发弯曲的方向, 有"随机""局部""全局""对象"4种方式, 效果如图6-28所示。

随机

局部

全局

对象

图6-28

当设置"方向"为"局部"或"全局"时, 可以在下拉菜单中选择不同的轴向来指定毛发弯曲的方向。

7.卷曲

"卷曲"选项用于将毛发卷曲, 其参数如图6-29所示。虽然与"弯曲"有些像, 但生成的效果是有区别的。

"卷曲"用于设置毛发卷曲的程度, 如图6-30所示。"变化"用于设置毛发卷曲时的随机变化程度。

卷曲: 40°

卷曲: 70°

图6-29

图6-30

"总计"用于设置需要卷曲的毛发数量, 一般保持默认值。

"方向"用于设置毛发卷曲的方向, 有"随机""局部""全局""对象"4种方式, 用法与"弯曲"选项的"方向"一样。当"方向"设置为"局部"或"全局"时, 会激活"轴向"参数, 在下拉菜单中可以选择卷曲的轴向。

案例实训：制作毛绒场景

案例文件　案例文件>CH06>案例实训：制作毛绒场景
视频名称　案例实训：制作毛绒场景.mp4
学习目标　掌握毛发工具的使用方法

本案例为一个简单的场景添加毛发，制作特殊的画面效果，如图6-31所示。

图6-31

01 打开本书学习资源"案例文件>CH06>案例实训：制作毛绒场景"文件夹中的场景文件，如图6-32所示。场景中已经创建了灯光、材质和摄像机，需要创建毛发。

02 选中左下角的球体模型，然后执行"模拟>毛发对象>添加毛发"菜单命令，球体模型上就会出现毛发的引导线。原有的引导线很长，在"属性"面板中设置"长度"为0.5cm，如图6-33所示。

图6-32

图6-33

03 双击自动生成的毛发材质将其打开，在"颜色"中设置毛发颜色为蓝色和浅蓝色，如图6-34所示。

04 在"高光"中设置"强度"为30%，如图6-35所示。

05 在"粗细"中设置"发根"为0.03cm、"发梢"为0.003cm、"变化"为0.01cm，如图6-36所示。

图6-34

图6-35

图6-36

06 在"长度"中设置"变化"为40%，如图6-37所示。

07 在"弯曲"中设置"弯曲"为30%，"变化"为10%，如图6-38所示。

图6-37   图6-38

08 按快捷键Shift+R预览场景，效果如图6-39所示。

09 为其他球体模型添加毛发，然后将调好的毛发材质赋予后面添加的毛发，预览效果如图6-40所示。

10 选中左上角的黄色圆柱模型，然后添加毛发，并设置引导线的"长度"为0.1cm，效果如图6-41所示。

图6-39   图6-40   图6-41

11 将原有的毛发材质复制一份，然后设置"颜色"为黄色和浅黄色，如图6-42所示。

12 将黄色的毛发材质赋予步骤10添加的毛发对象，预览效果如图6-43所示。

13 为其他黄色的圆柱模型添加毛发对象，然后替换黄色的毛发材质，案例最终效果如图6-44所示。

图6-42   图6-43   图6-44

6.3 添加粒子

粒子是通过"发射器"生成的，通过调整属性可以模拟粒子的一些生成状态。

6.3.1 粒子发射器

执行"模拟>发射器"菜单命令，如图6-45所示，会在场景中创建一个发射器。在视图窗口中可以观察到一个绿色的矩形发射器图标，滑动下方的时间滑块，就能观察到粒子运动的方向，如图6-46所示。

图6-45   图6-46

6.3.2 粒子属性

选中视图窗口中的发射器，"属性"面板就会切到粒子的相关参数，如图6-47所示。

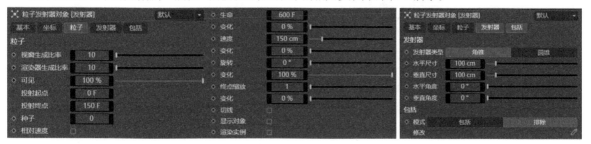

图6-47

在视图窗口中可以直接观察粒子的运动状态，"视窗生成比率"用于控制在视图窗口中可以观察到多少粒子，数值越大，画面中的粒子越多。粒子多了之后，系统的运算量会增大，反应速度会减慢，配置差一些的计算机就会出现频繁卡顿甚至意外退出的情况。调整"渲染器生成比率"的值就能解决这个问题，在增大该数值，且不改变"视窗生成比率"的情况下，既可以保证系统的流畅度，也可以让渲染的粒子数量增多。

默认情况下，粒子会在第0帧就开始出现，设置"投射起点"的值能控制粒子在哪一帧出现，同理，"投射终点"用于控制粒子在哪一帧停止从发射器发射。

"生命"用于控制粒子存在的时长，调整下方"变化"的值能控制"生命"的随机范围。

"速度"用于控制粒子从发射器中发出的移动速度，下方的"变化"用于控制"速度"的随机范围。

"旋转"用于让粒子自身实现旋转效果，如图6-48所示。下方的"变化"用于控制"旋转"的随机范围。

"终点缩放"用于让粒子在发射的过程中逐渐放大或逐渐缩小，如图6-49所示。下方的"变化"用于控制"随机缩放"的随机范围。

图6-48

图6-49

默认情况下粒子的形状是无法渲染的，当创建一个立方体并使其成为"发射器"的子层级后，勾选"显示对象"和"渲染实例"两个复选框，就能在视图窗口和渲染画面中观察到立方体粒子。

"水平尺寸"和"垂直尺寸"两个参数用于调节发射器的大小，发射器的大小决定了粒子发射的范围。"水平角度"和"垂直角度"则决定了粒子发射的角度。

6.3.3 烘焙粒子

当模拟完粒子效果后，需要将模拟的效果转换为关键帧动画，这时候就需要使用"烘焙粒子"。执行"模拟>烘焙粒子"菜单命令，会打开"烘焙粒子"对话框，如图6-50和图6-51所示。

图6-50

图6-51

在"烘焙粒子"对话框中,"起点"和"终点"用于设定烘焙粒子的起始帧数和结束帧数,"烘焙全部"用于设置烘焙帧的频率。

案例实训：制作飞舞的粒子

案例文件　　案例文件>CH06>案例实训：制作飞舞的粒子
视频名称　　案例实训：制作飞舞的粒子.mp4
学习目标　　掌握粒子发射器的使用方法

运用粒子发射器可以制作出飞舞的粒子动画,效果如图6-52所示。

图6-52

01 新建一个场景,执行"模拟>发射器"菜单命令,在场景中创建一个粒子发射器,如图6-53所示。

02 在"属性"面板的"发射器"选项卡中设置"垂直尺寸"为200cm,发射器会变成长条形,如图6-54所示。

图6-53

图6-54

03 使用"金字塔"工具 ▲ 金字塔 在场景中创建一个角锥模型,具体参数设置及效果如图6-55所示。

04 使用"宝石体"工具 ● 宝石体 在场景中创建一个二十面体,具体参数设置及效果如图6-56所示。

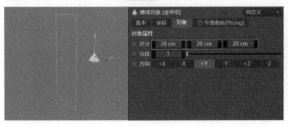

图6-55

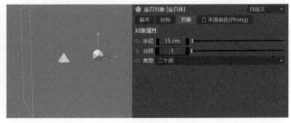

图6-56

05 将"宝石体"对象和"金字塔"对象都放置于"发射器"对象的子层级，使其与发射器进行关联，如图6-57所示。

06 在"粒子"选项卡中勾选"显示对象"和"渲染实例"复选框，然后移动时间滑块，可以观察到角锥模型和二十面体模型替代了原有的粒子，如图6-58所示。

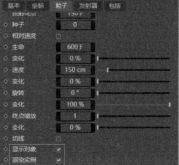

图6-57

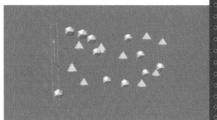

图6-58

07 在"粒子"选项卡中设置"视窗生成比率"和"渲染器生成比率"都为30，"速度"的"变化"为30%，"旋转"为60°，"终点缩放"的"变化"为30%，如图6-59所示。

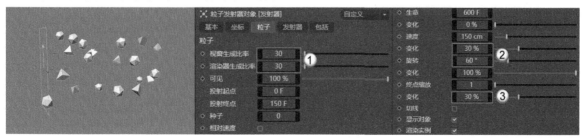

图6-59

08 在场景中创建摄像机、天空和灯光，效果如图6-60所示。

📝 提示 -- >

摄像机、天空和灯光的创建方法前面已经详细介绍过，这里不作详细讲解，读者可查看配套的教学视频或案例文件。

图6-60

09 创建金色的磨砂金属材质并赋予角锥模型，然后创建紫色的金属材质并赋予二十面体模型，效果如图6-61所示。

10 选择构图好看的一帧，按快捷键Shift+R渲染场景，案例最终效果如图6-62所示。

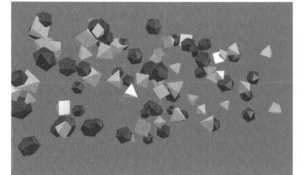

图6-61

图6-62

6.4　力场

力场可以让简单运动的粒子生成复杂的运动轨迹。"模拟>力场"的子菜单就提供了多种力场供用户进行选择，如图6-63所示。

图6-63

6.4.1　吸引场

"吸引场" ↻ 吸引场 在早期版本的软件中被命名为"引力"，对粒子产生吸引和排斥的效果。选中"发射器"对象后再单击"吸引场"按钮 ↻ 吸引场，就能在场景中创建一个吸引场。拖动时间滑块，可以观察到粒子在经过吸引场时，路径产生变化，向吸引场的方向移动，如图6-64所示。

"属性"面板如图6-65所示。调整"强度"的值可以控制粒子吸引或排斥的力度。当"强度"为正值时，粒子呈现吸引状态。当"强度"为负值时，粒子呈现排斥状态。在下方"域"的设置区域可以添加不同形式的"域"，从而形成衰减效果。

📝 提示 --------- >
在视图窗口中无法直接观察"吸引场"，只能通过坐标轴确认其位置。

图6-64

图6-65

6.4.2　偏转场

"偏转场" ↻ 偏转场 在早期版本的软件中被命名为"反弹"，作用是产生粒子反弹的效果，如图6-66所示。创建"偏转场"后可以在视图窗口中观察到蓝紫色的矩形控制器，这个控制器就代表反弹的面（不可被渲染），当粒子触碰到该面后，就会产生反弹的效果。

"属性"面板如图6-67所示。"弹性"用于控制控制器的反弹强度，数值越大，粒子反弹的效果越明显。如果只想随机让一部分粒子产生反弹效果，勾选"分裂波束"复选框即可。"水平尺寸"和"垂直尺寸"用于控制控制器的大小，只有在控制器范围内的粒子才会产生反弹。

图6-66

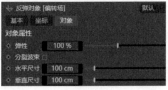

图6-67

6.4.3 破坏场

"破坏场" ✕ 破坏场 用于使粒子在接触破坏力场时消失,如图6-68所示。创建"破坏场"后视图窗口中会出现立方体控制器,粒子运动到控制器的范围内时会消失。

"属性"面板如图6-69所示。调节"随机特性"的值可以让一部分粒子不在控制器内消失,形成随机的消失效果。这个数值越大,"存活"的粒子越多。"尺寸"用于调节控制器大小。

图6-68

图6-69

6.4.4 摩擦力

当运动的粒子应用"摩擦力" ≈ 摩擦力 时,粒子的速度会减慢,呈现聚集状态,如图6-70所示。

"属性"面板如图6-71所示。设置"强度"的值可以控制摩擦力的大小,数值越大,粒子速度减慢的效果越明显。"角度强度"用于控制粒子在旋转上的速度变化。

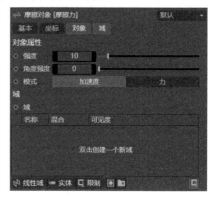

图6-70

图6-71

6.4.5 重力场

"重力场" ≈ 重力场 是形成粒子自然下落效果的力场,如图6-72所示。"重力场"的控制器是一个向下的箭头,粒子会沿一个向下的抛物线路径进行运动。

"属性"面板如图6-73所示。设置"加速度"的值可以控制重力的大小,粒子也会形成不一样的抛物线形态。

图6-72

图6-73

6.4.6 旋转

"旋转" 旋转 可以让粒子从发射器发出时就产生一个角速度,形成旋转的效果,如图6-74所示。同 "吸引场" 一样, "旋转" 力场的控制器也无法在视图窗口中直接观察到,只能通过坐标确定位置。

"属性" 面板如图6-75所示。调整 "角速度" 的值能调节粒子旋转的速度。

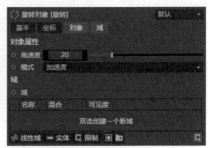

图6-74 · 图6-75

6.4.7 湍流

"湍流" 湍流 可以让粒子在运动过程中产生随机的抖动效果,这样粒子的运动就会更加丰富生动,如图6-76所示。

"属性" 面板如图6-77所示。调节 "强度" 的值可以控制湍流的大小。

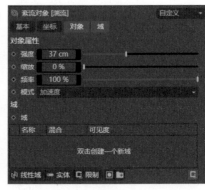

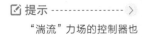
提示 - - - - - - - - - - - - - - - >

"湍流" 力场的控制器也不会在视图窗口中显示。

图6-76 · 图6-77

6.4.8 风力

如果要给运动中的粒子添加一个带方向的力,使用 "风力" 风力 可以很轻松地实现,效果如图6-78所示。 "风力" 风力 的控制器是一个风扇(不可渲染),风扇前的箭头代表力的方向,在拖动时间滑块时,控制器的风扇会随着转动。

"属性" 面板如图6-79所示。调整 "速度" 的值可以控制风力的大小。默认情况下,风力的大小是均匀不变的,只要更改 "紊流" 的值就能让风力产生忽快忽慢的效果,同样粒子也会产生不同的运动速度。

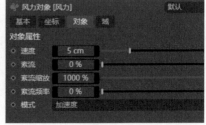

图6-78 · 图6-79

案例实训：制作运动光线

案例文件　　案例文件>CH06>案例实训：制作运动光线
视频名称　　案例实训：制作运动光线.mp4
学习目标　　掌握追踪对象和吸引场的使用方法

"追踪对象"工具 追踪对象 可以将粒子运动的轨迹可视化，通过毛发材质便可渲染，效果如图6-80所示。

图6-80

01 新建一个场景，使用"发射器"工具 发射器 在场景中创建一个粒子发射器，设置"水平角度"为360°、"垂直角度"为180°，此时拖动时间滑块就能观察到发射器360°发射粒子，如图6-81所示。

02 使用"球体"工具 球体 在场景中创建一个"半径"为1cm的球体模型，并放置于"发射器"的子层级中，如图6-82所示。

图6-81

图6-82

03 在"粒子"选项卡中设置"视窗生成比率"和"渲染器生成比率"都为300、"速度"为300cm、"变化"为30%、"终点缩放"的"变化"为20%，勾选"显示对象"和"渲染实例"复选框，如图6-83所示。

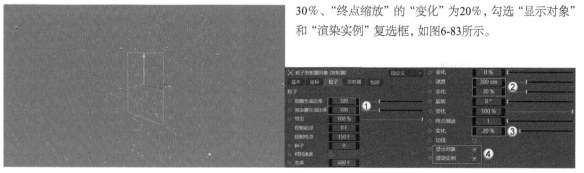

图6-83

04 执行"运动图形>追踪对象"菜单命令，添加"追踪对象"工具 ，此时拖动时间滑块，可以看到小球运动的轨迹显示在视图窗口中，如图6-84所示。

05 执行"模拟>力场>吸引场"菜单命令，在场景中创建吸引场，设置"强度"为-30，如图6-85所示。

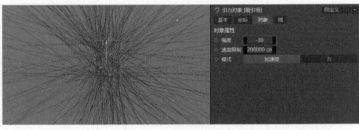

图6-84 图6-85

06 添加"湍流"力场 ，设置"强度"为15cm，如图6-86所示。

07 执行"模拟>烘焙粒子"菜单命令，在弹出的对话框中单击"确定"按钮烘焙粒子，如图6-87所示。

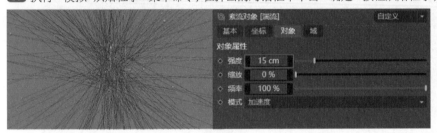

图6-86 图6-87

08 创建青色的自发光材质并将其赋予球体模型，效果如图6-88所示。

09 新建毛发材质，设置"颜色"为蓝色和青色，如图6-89所示。

10 在"粗细"中设置"发根"为0.5cm、"发梢"为1cm、"变化"为0.1cm，并调节曲线，如图6-90所示。

图6-89

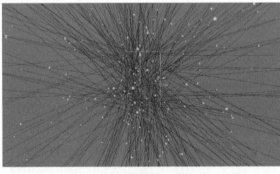

图6-88

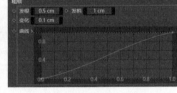

图6-90

11 将毛发材质赋予"追踪对象"，按快捷键Shift+R预览场景，效果如图6-91所示。

12 场景中只有自发光小球有亮度，使用"灯光"工具 在发射器的位置创建一个灯光，渲染效果如图6-92所示。

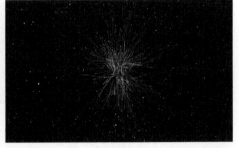

📝 提示 ----------->

　　灯光的详细参数设置请读者观看教学视频。

图6-91 图6-92

13 调整"发射器"的"水平尺寸"和"垂直尺寸"都为10cm，然后删掉原有的烘焙粒子，重新烘焙，效果如图6-93所示。缩小发射器后，中心部分的粒子不会显得错乱。

14 新建一个"背景"模型，然后创建一个渐变材质并将其赋予背景，案例最终效果如图6-94所示。

图6-93

图6-94

案例实训：制作弹跳小球

案例文件	案例文件>CH06>案例实训：制作弹跳小球
视频名称	案例实训：制作弹跳小球.mp4
学习目标	掌握重力场和偏转场的使用方法

本案例运用"重力场" **重力场** 和"偏转场" **偏转场** 制作一个简单的弹跳粒子动画，效果如图6-95所示。

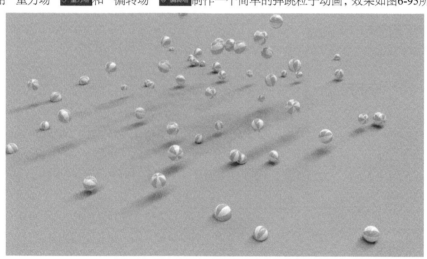

图6-95

01 新建一个场景，使用"地板"工具 **地板** 创建地面模型，如图6-96所示。

02 使用"发射器"工具 **发射器** 创建一个发射器，与地面齐平且粒子发射方向向上，如图6-97所示。

03 创建一个"半径"为10cm的球体模型，并与发射器关联，如图6-98所示。

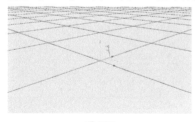

图6-96

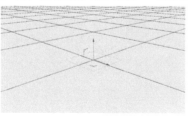

图6-97

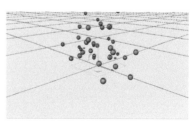

图6-98

☑ **提示** - ⟶

仔细观察画面，会发现有些球体与地面模型穿插，这是系统显示的错误，烘焙粒子后就会显示正确效果。

04 在"粒子"选项卡中设置"视窗生成比率"和"渲染器生成比率"都为15、"速度"为300cm、"变化"为30%、"终点缩放"的"变化"为30%，勾选"显示对象"和"渲染实例"复选框，如图6-99所示。

图6-99

05 添加"吸引场" 吸引场 并设置"强度"为-100，粒子会向外扩散运动，如图6-100所示。

06 添加"重力场" 重力场 ，拖动时间滑块会观察到粒子在向上运动一定距离后向下运动，如图6-101所示。

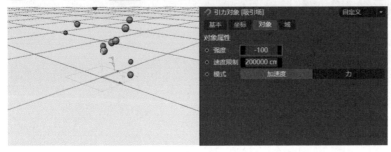

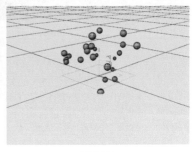

图6-100

图6-101

07 添加"偏转场" 偏转场 ，设置"弹性"为60%、"水平尺寸"和"垂直尺寸"都为1000cm，如图6-102所示。拖动时间滑块会观察到下落的粒子在遇到偏转场的控制器后产生反弹的效果，如图6-103所示。

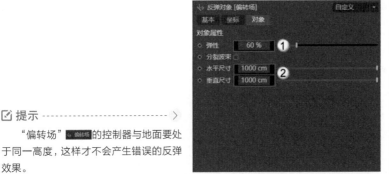

📝 提示 ------------------>
　　"偏转场" 偏转场 的控制器与地面要处于同一高度，这样才不会产生错误的反弹效果。

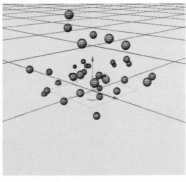

图6-102

图6-103

08 在场景中添加摄像机、灯光和材质，案例最终效果如图6-104所示。

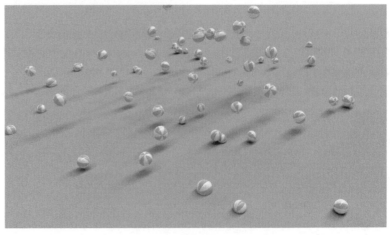

图6-104

6.5 技术汇总与解析

　　本章讲解了Cinema 4D中的毛发技术和粒子技术两个知识板块。毛发技术用于制作带毛发的模型,另外,毛发材质还可以与粒子进行关联,使粒子运动路径得以渲染。粒子技术相对复杂,需要掌握粒子发射器的使用方法,同时熟悉常用的力场。粒子的运用相当广泛也非常灵活,是制作动画和视觉特效的重要内容。

　　Cinema 4D自带的粒子相对简单,所能制作的效果也较为有限。读者若有兴趣,可以学习一些粒子插件,这样就能制作更加复杂的粒子效果。

6.6 毛发与粒子技术拓展实训

　　通过本章的学习,下面通过两个拓展实训案例练习毛发技术和粒子技术的使用方法。

拓展实训: 制作毛绒文字

案例文件	案例文件>CH06>拓展实训:制作毛绒文字
视频名称	拓展实训:制作毛绒文字.mp4
学习目标	掌握重力场和偏转场的使用方法

　　运用本章所学的毛发技术,可以将一个文本模型转变为毛绒文字,效果如图6-105所示。

图6-105

训练要求和思路如下。

第1点: 使用"文本"工具 ￭ 文本 创建文本模型。

第2点: 将文本模型转换为可编辑对象,并增加模型的布线。

第3点: 为文本模型添加毛发,设置引导线长度为25cm。

第4点: 在毛发材质的"属性"面板中设置毛发的颜色、高光、长度、集束、卷发和卷曲等属性。

第5点: 创建摄像机、灯光、背景和其他模型的材质。

拓展实训：制作气泡动画

案例文件　　案例文件>CH06>拓展实训：制作气泡动画
视频名称　　拓展实训：制作气泡动画.mp4
学习目标　　练习发射器和风力的使用方法

　　为向上移动的发射器添加风力，形成水底的气泡动画，效果如图6-106所示。

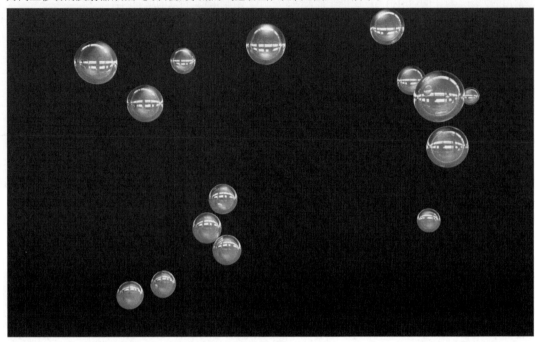

图6-106

训练要求和思路如下。

第1点： 创建"发射器" 🔳 发射器 ，使发射粒子的方向朝上。

第2点： 创建球体模型并与发射器关联。

第3点： 调整粒子的属性，在左侧添加"风力" 🔳 风力 ，从左往右吹风。

第4点： 添加摄像机、灯光、背景和材质。

第 **7** 章

动力学技术

本章将讲解 Cinema 4D 的动力学技术。运用动力学技术可以快速地制作出物体与物体之间真实的物理作用效果，该技术是动画制作必不可少的一部分。动力学可以用于定义物理属性和外力，当对象遵循物理定律进行相互作用时，可以让场景自动生成最终的动画关键帧。

本章学习要点

▶ 掌握子弹类标签的使用方法

▶ 掌握模拟类标签的使用方法

7.1 行业中的动力学分析

Cinema 4D的动力学运用简单且效果稳定，非常适合用于制作较为复杂的动画。动力学在栏目包装和广告领域运用较多，也可以用来制作一些特殊造型的静帧海报。

"模拟标签"中的布料、绳子等标签可以用于制作一些复杂的模型，在多数行业中都有所涉及。

7.2 子弹标签

"子弹标签"里罗列了制作动力学效果的各项标签，如图7-1所示。在旧版软件中，这些标签集合在"模拟标签"中。

图7-1

7.2.1 刚体

"刚体"标签，从名称上就可以感受到赋予了这个标签的对象的表面是坚硬的。赋予了"刚体"标签的对象在模拟动力学动画时，不会因碰撞而产生形变。

选中需要成为刚体的对象，然后在"对象"面板上单击鼠标右键，在弹出的快捷菜单中选择"子弹标签>刚体"命令，即可为该对象赋予"刚体"标签，如图7-2所示。

当对象拥有"刚体"的属性后，按F8键向前播放，就可以观察到对象会受重力影响形成自然下落的效果，如图7-3所示。

图7-2

图7-3

"刚体"标签的参数有很多，如图7-4所示。设置初始形态、反弹、摩擦力、质量和力能很好地控制刚体对象的动力学效果。

图7-4

单击"设置初始形态"按钮后，刚体对象所保持的形态就会成为动力学模拟时的初始形态，只要返回模拟的第1帧，动力学对象就会显示为所设定的形态。单击"清除初状态"按钮可以撤销所设定的初始形态。

☑ 提示 --- ＞

如果没有更改对象的初始形态，就不要单击"清除初状态"按钮。

默认情况下，刚体碰撞计算会从第1帧起开始模拟，展开"激发"下拉菜单，可以选择其他形式进行模拟，如图7-5所示。

勾选"自定义初速度"复选框后可以设置对象的"初始线速度"和"初始角速度"，如图7-6所示。例如，设置"初始线速度"和"初始角速度"后，对象会从自由落体运动变成带有旋转的抛物线运动，如图7-7所示。

图7-5

图7-6

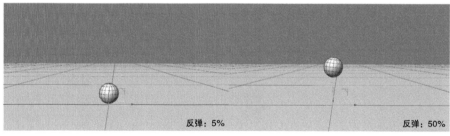

图7-7

☑ 提示 --- ＞

"初始线速度"是指对象在x轴、y轴和z轴上的位移速度。"初始角速度"是指对象在x轴、y轴和z轴上的旋转速度。3个选项框分别对应x轴、y轴和z轴。

勾选"动力学转变"复选框后，刚体对象会在"转变时间"所设置的帧数上形成动力学碰撞效果，在此之前的时间内不会产生动力学碰撞效果。

在"外形"下拉菜单中可以设置动力学对象的碰撞外形，一般情况下保持默认的"自动"即可，如图7-8所示。如果对模拟的效果不满意，可以在下拉菜单中选择其他合适的外形。

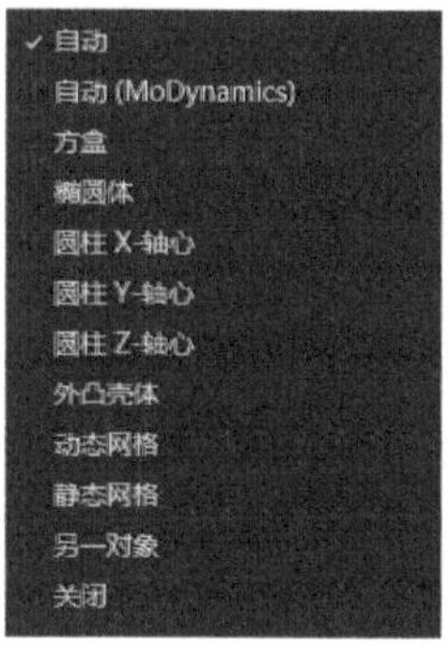

当刚体对象与其他动力学对象碰撞时，会产生反弹效果，"反弹"就用于控制反弹的强度，数值越大，反弹的效果越明显，如图7-9所示。

图7-8

图7-9

当刚体对象与其他动力学对象产生滚动等摩擦时，"摩擦力"会决定刚体对象停止运动的时长，数值越大，摩擦力越大，刚体对象会越快停止运动。

默认情况下，系统会根据创建的模型自动设置其质量大小，但是在模拟一些碰撞场景时可能会出现质量太小而没有产生预想的碰撞效果的情况。展开"使用"下拉菜单，在其中能选择不同的模式来设定刚体对象的质量，如图7-10所示。

图7-10

模拟完动力学动画后，需要将动画烘焙为关键帧动画，否则返回时间线的起始位置，动画会随之消失。单击"烘焙对象"按钮，会烘焙选中对象的关键帧。如果场景中存在多个动力学对象，单击"全部烘焙"按钮就可以烘焙所有对象的关键帧。

☑ 提示 --- ＞

如果烘焙关键帧后需要修改动画，需要先单击"清除对象缓存"或"清空全部缓存"取消关键帧。

7.2.2 柔体

如果要模拟皮球这种碰撞时会产生形变的物体,"刚体"标签 ●刚体 明显不适合,需要换成"柔体"标签 ●柔体。选中需要成为柔体的对象,然后在"对象"面板上单击鼠标右键,在弹出的快捷菜单中选择"子弹标签>柔体"命令,即可为该对象赋予"柔体"标签 ●柔体,如图7-11所示。

"柔体"标签 ●柔体 的属性基本与"刚体"标签 ●刚体 一致,只需要单独调整"柔体"选项卡中的参数,如图7-12所示。

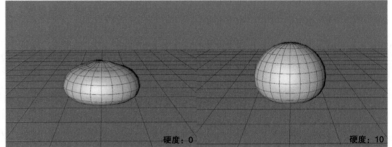

图7-11

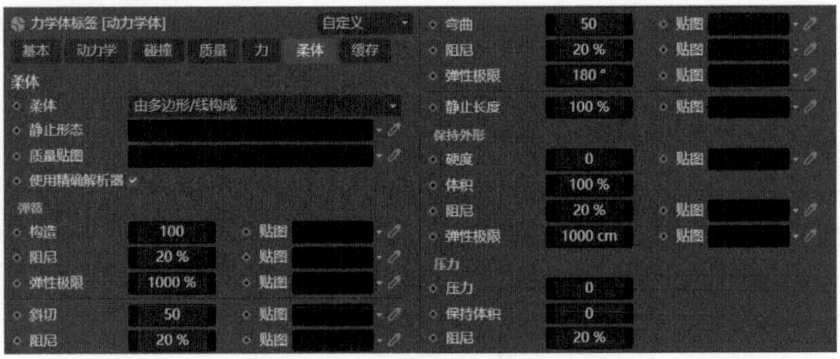

图7-12

如果要将"柔体"对象转换为"刚体"对象,只需要在"柔体"下拉菜单中将默认的"由多边形/线构成"切换为"关闭"即可,如图7-13所示。

"硬度"用于控制柔体对象表面的硬度,数值越大,对象的表面越硬,产生的形变会越小,如图7-14所示。

图7-13

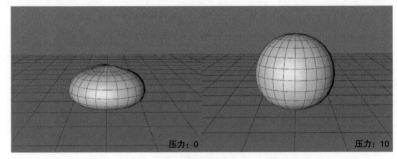

硬度:0　　　　硬度:10

图7-14

"压力"可以理解为柔体对象内部充的气体,数值越大,气体越多,对象的形变越小,如图7-15所示。

压力:0　　　　压力:10

图7-15

7.2.3 碰撞体

刚体对象和柔体对象在与碰撞体对象接触时会产生反弹和摩擦,形成不同的动力学效果。赋予了"碰撞体"标签 ●碰撞体 的对象本身不会产生任何运动,就像墙壁或地面。

选中需要成为碰撞体的对象,然后在"对象"面板上单击鼠标右键,接着在弹出的快捷菜单中选择"子弹标签>碰撞体"命令,即可为该对象赋予"碰撞体"标签 ●碰撞体,如图7-16所示。

图7-16

在"对象"面板中选中"碰撞体"标签的图标,在下方的"属性"面板中可以设置其属性,如图7-17所示。"反弹"和"摩擦力"这两个参数在"刚体"标签 刚体 中也存在,并且和"刚体"中的用法一致。

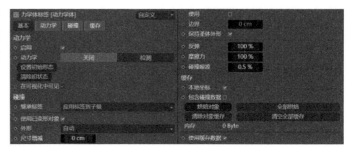

图7-17

案例实训: 制作小球坠落动画

案例文件 案例文件>CH07>案例实训:制作小球坠落动画
视频名称 案例实训:制作小球坠落动画.mp4
学习目标 掌握刚体标签的使用方法

本案例使用"刚体"标签 刚体 和"碰撞体"标签 碰撞体 模拟小球坠落的动画,效果如图7-18所示。

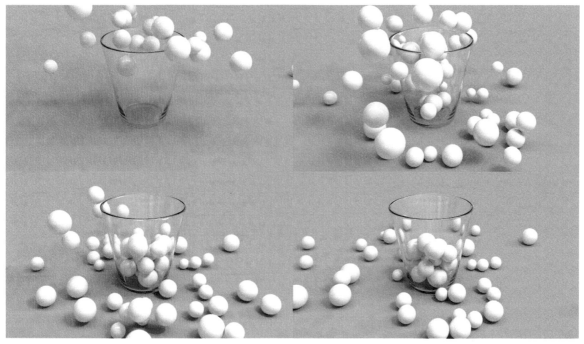

图7-18

01 打开本书学习资源"案例文件>CH07>案例实训:制作小球坠落动画"文件夹中的练习文件,如图7-19所示。

02 新建一个"半径"为20cm的球体模型并放在杯子模型的上方,然后添加"克隆"生成器 克隆 ,具体参数设置及效果如图7-20所示。

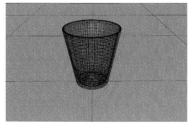

图7-19

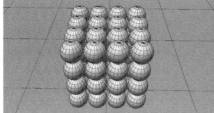

图7-20

03 在"克隆"生成器 ⬜ 克隆 上添加"随机"效果器 ⬜ 随机，调整"位置"和"等比缩放"，如图7-21所示。

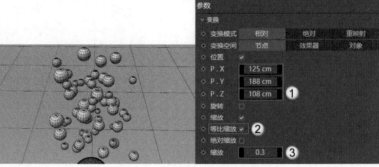

图7-21

04 选中"克隆"对象，单击鼠标右键，在弹出的快捷菜单中选择"子弹标签>刚体"命令，然后给杯子模型和地板模型添加"碰撞体"标签 ⬜ 碰撞体，如图7-22所示。

05 按F8键模拟动力学效果，可以观察到克隆的小球模型向下运动，一部分落在杯子模型中，另一部分散落到地面上，如图7-23所示。

图7-22

图7-23

06 观察动画效果，如果合适，在"对象"面板中选中"刚体"标签 ⬜ 刚体，在"缓存"选项卡中单击"全部烘焙"按钮，如图7-24所示。

07 烘焙关键帧完成后，为小球模型添加白色塑料材质，如图7-25所示。

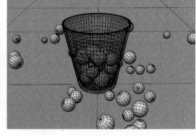

图7-24

图7-25

08 任意选择4帧渲染场景，效果如图7-26所示。

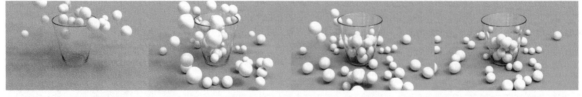

图7-26

案例实训：制作小球碰撞动画

案例文件	案例文件>CH07>案例实训：制作小球碰撞动画
视频名称	案例实训：制作小球碰撞动画.mp4
学习目标	掌握刚体标签和柔体标签的使用方法

本案例用"刚体"标签 ⬜ 刚体 和"柔体"标签 ⬜ 柔体 模拟小球的碰撞动画，效果如图7-27所示。

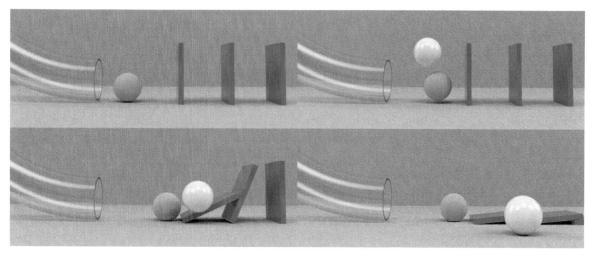

图7-27

01 打开本书学习资源"案例文件>CH07>案例实训：制作小球碰撞动画"文件夹中的练习文件，如图7-28所示。

02 选中玻璃管道上方的白色小球模型，然后赋予"刚体"标签 ⚫ 刚体，如图7-29所示。

03 选中玻璃管道下方的黄色小球模型，然后赋予"柔体"标签 ⚫ 柔体，如图7-30所示。

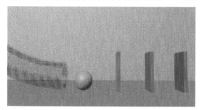

图7-28

图7-29

图7-30

04 选中"克隆"对象，赋予"刚体"标签 ⚫ 刚体，克隆得到的3个立方体都会成为刚体对象，如图7-31所示。

05 选中剩下的地面、背景模型和管道模型，赋予"碰撞体"标签 碰撞体，如图7-32所示。

06 单击"向前播放"按钮 ▶ 模拟动力学效果，可以观察到柔体小球没有弹性，倒下的立方体也较为散乱，如图7-33所示。

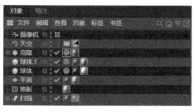

图7-31

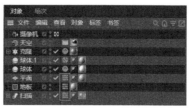

图7-32

图7-33

07 在"对象"面板中选中"柔体"标签 ⚫ 柔体，设置"弯曲"为5、"硬度"为150、"压力"为100、"保持体积"为100，如图7-34所示。按F8键模拟动画，柔体小球的弹性增大，倒下的立方体较为整齐，如图7-35所示。

图7-34

图7-35

☑ 提示 --- >

增大两个小球模型的"细分"值，可以让小球的动画效果更加逼真。

08 在"缓存"选项卡中单击"全部烘焙"按钮，烘焙整个场景的动力学动画，如图7-36所示。

图7-36

提示

选中场景中任意一个动力学对象的标签，在"缓存"选项卡中单击"全部烘焙"按钮，就可以烘焙所有的动画效果。

09 按快捷键Shift+R随意渲染几帧，效果如图7-37所示。

图7-37

7.3 模拟标签

"模拟标签"中的各种标签用于模拟不同类型的布料效果，如图7-38所示。

图7-38

7.3.1 布料

用第2章中所讲的建模工具制作布料类模型会非常麻烦，而"布料"标签 布料 可以很好地解决这一问题。赋予了"布料"标签 布料 的对象会拥有布料的特性，当与其他动力学对象产生碰撞或自体产生碰撞后，会呈现自然的布料褶皱效果。

选中需要成为布料的对象，然后在"对象"面板上单击鼠标右键，在弹出的快捷菜单中选择"模拟标签>布料"命令，即可为该对象赋予"布料"标签 布料 ，如图7-39所示。

图7-39

"布料"标签 布料 的"属性"面板中除了"基本"选项卡，还包含"标签""修整""缓存""力场"4个选项卡，如图7-40所示。

图7-40

想要让布料显得柔软，就增大"弯曲度"的值，如图7-41所示。柔软的布料可以模拟丝绸、棉布、纱帘等。如果要模拟厚一些的毯子和塑料布等，就不要增大"弯曲度"的值。

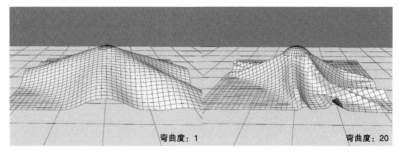

图7-41

除了"弯曲度"外，"厚度"和"质量"也会影响布料模拟的效果。"弹力"模拟布料自身的碰撞效果，"弹性"则模拟布料与碰撞体之间的反弹强度。

调整"四对角线"的类型，会生成不同的布料效果，如图7-42所示。

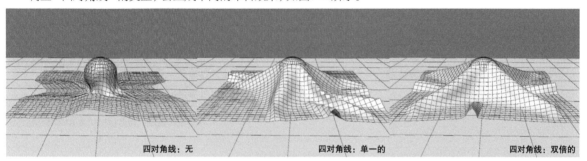

图7-42

7.3.2 绳子

"绳子"标签 ，顾名思义，就是模拟绳索类对象的标签。该标签所模拟的对象必须是样条线，选择要成为绳子的对象，在"对象"面板上单击鼠标右键，在弹出的快捷菜单中选择"模拟标签>绳子"命令，即可为该对象赋予"绳子"标签 ，如图7-43所示。

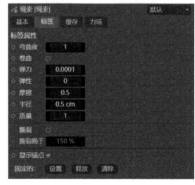

图7-43

📑 提示 --->
"绳子"标签 是R26版本中加入的新标签，如果读者使用早于R26版本的软件，就无法学习本节内容。

"弯曲度"用于设置绳子弯曲的程度，弯曲程度大，绳子会显得柔软，如图7-44所示。与"弯曲度"相似的是"卷曲"参数，设置该参数可使绳子形成卷曲效果，如图7-45所示。

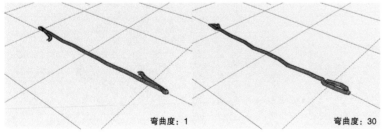

弯曲度：1   弯曲度：30

图7-44

图7-45

如果要制作断掉的绳子，勾选"撕裂"复选框后，当样条间的点矩距离超过"撕裂晚于"所设定的值时就会产生撕裂效果。

选中样条上的点后单击"设置"按钮，就可以将该点固定，而其他的点仍然保持动力学效果，就会形成悬挂效果，如图7-46所示。如果不想要这个固定的点，选中该点后单击"释放"按钮即可。

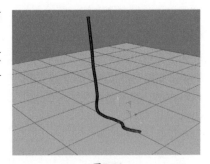

图7-46

7.3.3 布料绑带

上一小节中，绳子可以形成悬挂状态，那么一般的布料想要产生悬挂效果就需要再添加"布料绑带"标签 布料绑带 。赋予了"布料"标签 布料 的对象再添加"布料绑带"标签 布料绑带 ，就可以与相连接的对象形成连接关系。"布料绑带"标签 布料绑带 的"属性"面板如图7-47所示。

图7-47

下面通过具体的步骤讲解"布料绑带"标签 布料绑带 的使用方法。

第1步： 创建一个平面，转换为可编辑对象后赋予"布料"标签 布料 ，如图7-48所示。

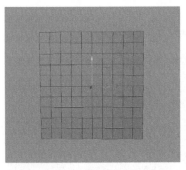

图7-48

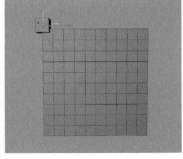

图7-49

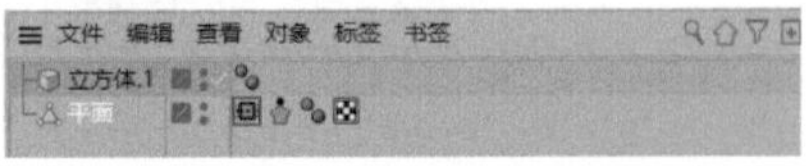

第2步： 创建一个立方体模型作为连接对象，并放在平面的左上角，如图7-49所示。

第3步： 在"点"模式 中选中平面左上角的点，然后添加"布料绑带"标签 布料绑带 ，如图7-50所示。

文件 编辑 查看 对象 标签 书签
立方体.1
平面

图7-50

第4步： 在"布料绑带"标签 布料绑带 的"属性"面板中，将创建的立方体对象拖曳到"绑定至"通道中，如图7-51所示。

第5步： 单击"设置"按钮，将平面和立方体绑定，如图7-52所示。

第6步： 单击"向前播放"按钮 ，模拟布料效果，可以观察到布料的左上角与立方体连接，形成悬挂效果，如图7-53所示。

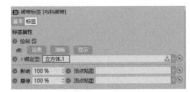

图7-51

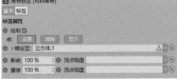

图7-52

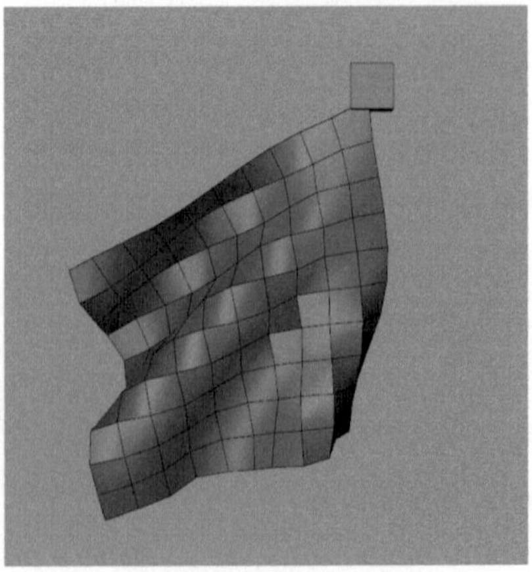

图7-53

7.3.4 碰撞体

"碰撞体"标签 🔺碰撞体 与"碰撞体"标签 🏠碰撞体 类似,是模拟布料碰撞的对象,其"属性"面板如图7-54所示。勾选"使用碰撞"复选框后,布料与碰撞体产生碰撞效果。"反弹"和"摩擦"用于控制布料与碰撞体之间的反弹强度与摩擦力大小。

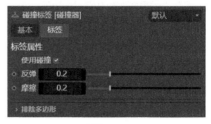

图7-54

案例实训：制作坠落的纱帘

案例文件　案例文件>CH07>案例实训：制作坠落的纱帘
视频名称　案例实训：制作坠落的纱帘.mp4
学习目标　掌握布料标签和碰撞体标签的使用方法

本案例使用"平面"工具 ◆ 平面 、"布料曲面"生成器 👕 布料曲面 和"布料"标签 👕 布料 制作一块纱帘,案例效果如图7-55所示。

图7-55

01 打开本书学习资源"案例文件>CH07>案例实训：制作坠落的纱帘"文件夹中的练习文件,如图7-56所示。场景中有一组简单的造型模型和地面,这些模型都已经转换为可编辑对象。

02 使用"平面"工具 ◆ 平面 在场景中创建一个平面,参数为默认,然后将其移动到立方体模型的上方并将其转换为可编辑对象,如图7-57所示。

03 平面的分段越多,模拟的布料效果越好,但平面的分段越多,模拟布料时的速度越慢。转为可编辑对象的平面模型无法直接修改细分数。添加"细分曲面"生成器 ❖ 细分曲面 ,就可以增加平面的细分数,且可以随时调整大小,效果如图7-58所示。

图7-56

图7-57

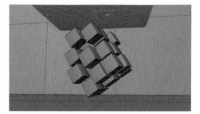

图7-58

04 选中"细分曲面"对象，并赋予"布料"标签 🗑 布料，然后为其他模型赋予"碰撞体"标签 △ 碰撞体，如图7-59所示。

05 单击"向前播放"按钮 ▶ 模拟布料效果，如图7-60所示。

06 在"对象"面板中选中"布料"标签 🗑 布料，设置"弯曲度"为30、"弹性"为5、"质量"为0.2，如图7-61所示。尽量让布料显得柔软。

图7-59

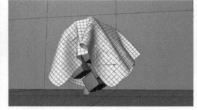
图7-60

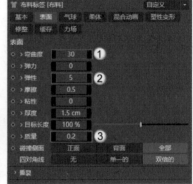
图7-61

07 按F8键模拟布料效果，如图7-62所示。

08 在"缓存"选项卡中单击"缓存场景"按钮，将模拟的动画转换为关键帧动画，如图7-63所示。

09 添加"布料曲面"生成器 🗑 布料曲面，并作为"细分曲面"对象的父层级，如图7-64所示。

图7-62

图7-63

图7-64

10 选中"布料曲面"对象，设置"厚度"为0.2cm，如图7-65所示。

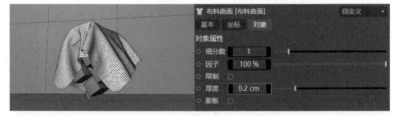
图7-65

11 将在"材质管理器"面板中制作好的布料材质赋予"布料曲面"，并调整贴图坐标，如图7-66所示。

12 选择效果好的一帧进行渲染，案例最终效果如图7-67所示。

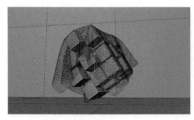
图7-66

图7-67

7.4 技术汇总与解析

动力学技术是使用Cinema 4D制作动画的关键一环，可以模拟逼真的动画效果，减少手动添加动画关键帧这一烦琐步骤。"刚体"标签 刚体 、"柔体"标签 柔体 和"布料"标签 布料 是需要着重掌握的动力学标签，"刚体"标签 刚体 和柔体"标签 柔体 可以模拟碰撞和反弹等常见的效果。"布料"标签 布料 可以模拟厚的或薄的各种质地的布料。

7.5 动力学技术拓展实训

下面通过两个拓展实训案例，练习本章所学的动力学内容。如果有不清楚的地方，可结合教学视频同步学习。

拓展实训：制作刚体碰撞效果

案例文件　　案例文件>CH07>拓展实训：制作刚体碰撞效果
视频名称　　拓展实训：制作刚体碰撞效果.mp4
学习目标　　练习刚体标签的使用方法

刚体对象之间会产生逼真的碰撞效果，为刚体对象添加初速度，会在运动初期产生速度，效果如图7-68所示。

图7-68

训练要求和思路如下。

第1步： 打开本书学习资源"案例文件>CH07>拓展实训：制作刚体碰撞效果"文件夹中的练习文件。

第2步： 为场景中的球体、立方体和圆锥体模型添加"刚体"标签 刚体 。

第3步： 为球体模型的"刚体"标签 刚体 设置初速度。

第4步： 模拟碰撞效果，并烘焙关键帧。

拓展实训：制作椅子上的毯子

案例文件　　案例文件>CH07>拓展实训：制作椅子上的毯子
视频名称　　拓展实训：制作椅子上的毯子.mp4
学习目标　　掌握布料标签和碰撞体标签的使用方法

运用"布料"标签 🎽 布料 和"碰撞体"标签 ⚠ 碰撞体 就可以完成布料随意搭在椅子上的效果，如图7-69所示。

图7-69

训练要求和思路如下。

第1步： 打开本书学习资源"案例文件>CH07>拓展实训：制作椅子上的毯子"文件夹中的练习文件。

第2步： 在椅子模型上方创建一个平面模型，并调整模型的尺寸和布线。

第3步： 给平面模型添加"细分曲面"生成器 ◎ 细分曲面 并增加布线数量，添加"布料"标签 🎽 布料 。

第4步： 给椅子模型和地板模型都添加"碰撞体"标签 ⚠ 碰撞体 。

第5步： 模拟布料效果并缓存，然后添加"布料曲面"生成器 🎽 布料曲面 ，增加平面模型的厚度。

第 8 章

动画技术

动画需要通过关键帧的串联，才能形成连续的运动效果。本章将讲解 Cinema 4D 的动画技术，不同于之前讲到的自动生成的动画，本章所讲的动画需要用户手动添加关键帧。

本章学习要点

▶ 掌握动画制作工具

▶ 掌握基础动画的制作方法

8.1 Cinema 4D主流动画分析

Cinema 4D在动画方面有着很强的能力，日常的动画制作工作中少不了Cinema 4D的身影。

8.1.1 影视包装动画

Cinema 4D可以结合After Effects制作一些影视包装动画，让原本较为复杂的动画变得简单。Cinema 4D在影视包装动画中更多用于制作一些元素，无论是渲染单帧图片还是视频，最后都会在After Effects中进行合成，效果如图8-1所示。

图8-1

8.1.2 产品演示动画

Cinema 4D在制作产品演示动画或产品广告时运用较多。利用Cinema 4D强大的建模系统能快捷地制作出产品模型以及表现场景。利用不同角度的镜头动画可以表现产品的整体氛围和局部特点。将渲染完的多组镜头素材放入After Effects中添加一些后期特效，再通过Premiere Pro剪辑出成片，效果如图8-2所示。

图8-2

8.1.3 MG动画

MG动画也是Cinema 4D动画制作的一个大方向。在Cinema 4D中可完成动画中元素的建模和渲染，也可以完成一些动画制作。在After Effects中合成这些元素或动画，形成完整的动画效果，效果如图8-3所示。

☑ 提示 --------------------------->

After Effects的插件能实现很多MG动画效果，为了方便，动画部分一般是放在After Effects中制作的。

图8-3

8.2 动画制作工具

本节将讲解Cinema 4D的基础动画技术。利用关键帧和时间线窗口，可以制作出一些基础的动画效果。

8.2.1 "时间线"面板

Cinema 4D的动画制作工具基本位于"时间线"面板中，如图8-4所示。第6章和第7章的内容中也涉及了这里面的一些工具。

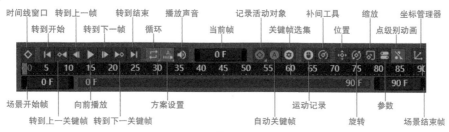

图8-4

单击"时间线窗口"按钮◇会打开"时间线窗口（摄影表）"，如图8-5所示。在其中还可以切换到"时间线窗口（函数曲线）"和"运动剪辑"。

图8-5

> **提示** ------------------------------ >
>
> 制作动画离不开时间线窗口，下一小节会详细讲解其使用方法。

"场景开始帧"表示场景的第1帧，默认为0。与之相对的是"场景结束帧"，表示场景的最后一帧。修改数值就会更改时间线的长度。"当前帧"中显示的是时间滑块所在的帧数，在输入框中输入数值，会立即跳转到该帧的位置。

单击"转到开始"按钮◀可以快速跳转到开始帧的位置。与之相对的是"转到结束"▶按钮，单击该按钮可以跳转到结束帧的位置。

单击"转到上一关键帧"按钮◀可以跳转到上一个关键帧的位置。单击"转到下一关键帧"按钮▶可以跳转到下一个关键帧的位置。

单击"转到上一帧"按钮◀会向前移动一帧，而单击"转到下一帧"按钮▶则会向后移动一帧。

单击"向前播放"按钮▶（或按F8键）可以正向播放动画。在制作粒子和动力学效果时，单击该按钮则可以观察到模拟效果。

单击"记录活动对象"按钮◉（或按F9键）会记录选择对象的位置、旋转、缩放和点级别关键帧。

单击"自动关键帧"按钮◉（或按快捷键Ctrl+F9）会自动记录选择对象的关键帧。此时视图窗口的边缘会出现红色的框，表示正在记录关键帧，如图8-6所示。

图8-6

单击"运动记录"按钮 ○ 会弹出图8-7所示的面板。在该面板中可以设置动画的相关属性。

在旧版本中，"坐标"面板显示在默认界面中，从R26版本开始成为隐藏面板，只有单击"坐标管理器"按钮 ☑ 才会弹出"坐标"面板，如图8-8所示。在该面板中可以精确控制对象的位置、旋转角度和缩放程度。

图8-7

图8-8

8.2.2 时间线窗口

时间线窗口是制作动画时经常用到的一个编辑器。使用时间线窗口可以快速地调节速度曲线，从而控制物体的运动状态。执行"窗口>时间线（函数曲线）"菜单命令（快捷键为Shift+Alt+F3），可以打开图8-9所示的面板。

图8-9

时间线窗口最大的作用是调节运动曲线的斜率，从而控制动画的节奏。不同的曲线走势，会产生不同的运动效果。

图8-10所示是位于z轴的位移动画曲线，两个关键帧之间是一条直线，这就表示对象沿着z轴匀速运动。

图8-11所示是位于z轴的位移动画曲线，两个关键帧之间是一条抛物线，这种曲线就表示对象沿着z轴加速运动。

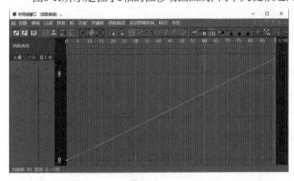

图8-10

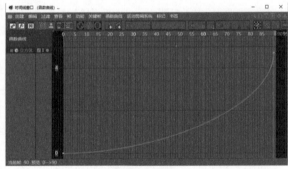

图8-11

图8-12所示是位于z轴的位移动画曲线，两个关键帧之间是一条抛物线，这种曲线就表示对象沿着z轴减速运动。

图8-13所示是位于z轴的位移动画曲线，两个关键帧之间是一条S形曲线，这种曲线就表示对象沿着z轴先减速然后匀速最后加速运动。

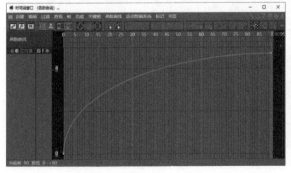

图8-12

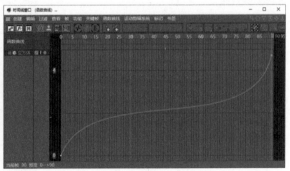

图8-13

通过以上4幅图，可以总结出对象的运动速度与曲线的斜率相关。当曲线的斜率为固定值时，呈直线效果，即匀速运动；当曲线斜率逐渐增加时，呈抛物线效果，即加速运动；当曲线斜率逐渐减少时，呈抛物线效果，即减速运动。

在时间线窗口中，可通过"线性" ⁄、"步幅" ⌐、"样条" ⁄、"柔和" ⌣、"缓入" ⌐、"缓和处理" ⁄和"缓出" ⌐这几个按钮调整曲线的走势，实现预想的动画节奏。

8.3 基础动画

本节将讲解Cinema 4D的基础动画技术。利用关键帧和时间线窗口，可以制作出一些基础的动画效果。

8.3.1 关键帧动画

动画是由关键帧之间进行串联，从而形成运动的效果。在制作动画时，只需要在特定的位置记录关键帧，软件会自动生成关键帧之间的动画效果，如图8-14所示。关键帧有很多种类型，例如，位置、旋转、缩放和参数等。灵活运用这些类型的关键帧，就能串联出一个复杂的动画效果。

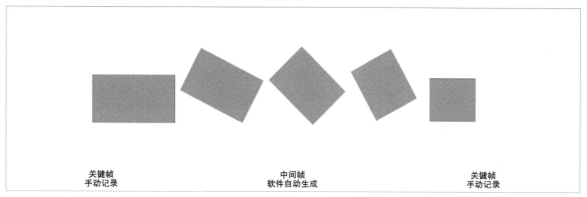

图8-14

下面以一个简单的位移动画为例，讲解怎样添加关键帧。

第1步：选中对象，然后打开"自动关键帧" ⌾，此时可以看到视图窗口的边缘出现红色线条，代表开启了动画，如图8-15所示。

第2步：在动画的起始位置单击"记录活动对象"按钮 ⌾记录初始的关键帧，如图8-16所示。在时间线上能看到关键帧的位置会出现一个标记。

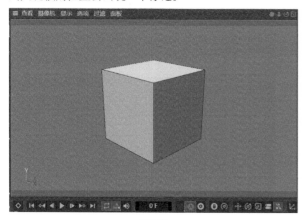

图8-15

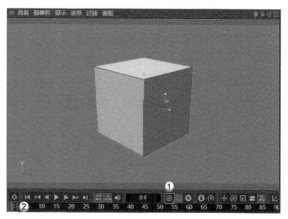

图8-16

第3步： 拖动时间滑块到动画结束的位置，这里移动到第90帧。移动立方体，就可以看到在第90帧的位置自动生成了一个关键帧，如图8-17所示。

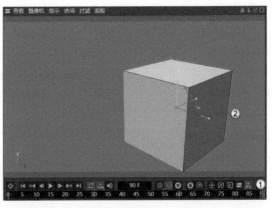

图8-17

☑ 提示 --->

读者在练习这一步时，一定要先拖动时间滑块，再移动立方体，否则会将第0帧的关键帧覆盖。

第4步： 关闭"自动关键帧" ⬤，然后单击"向前播放"按钮 ▶，如图8-18所示，就可以在视图窗口中观察到动画效果。

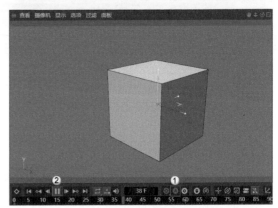

图8-18

8.3.2 点级别动画

单击"开、关点层级动画记录"按钮 ▦，可以在可编辑多边形对象的"点"模式、"边"模式和"多边形"模式下制作关键帧动画。点级别动画常用于表现对象的变形效果，如图8-19所示。

图8-19

8.3.3 参数动画

在对象的"属性"面板中，可以看到一些参数左侧有灰色的菱形按钮，这代表该参数可以用于记录动画，如图8-20所示。

单击灰色的菱形按钮后，按钮变为红色，这代表相应的参数开启了动画记录的状态，如图8-21所示。

☑ 提示 --->

当参数处于动画记录状态时，还需要单击"自动关键帧"按钮 ⬤ 才能记录动画效果。两者缺一不可，读者需要谨记。

图8-20

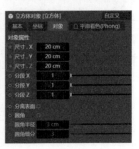

图8-21

案例实训: 制作游乐园主题动画

案例文件　　案例文件>CH08>案例实训: 制作游乐园主题动画
视频名称　　案例实训: 制作游乐园主题动画.mp4
学习目标　　掌握关键帧动画

本案例制作游乐园主题动画,效果如图8-22所示。

图8-22

01 打开本书学习资源"案例文件>CH08>案例实训: 制作游乐园主题动画"文件夹中的练习文件,如图8-23所示。

02 选中摩天轮模型的转盘部分,然后单击"自动关键帧"按钮◎激活动画记录,接着按F9键在第0帧添加关键帧,如图8-24所示。

图8-23

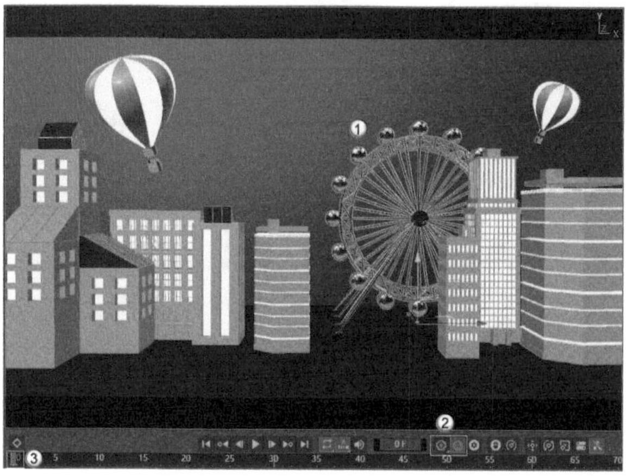

图8-24

03 拖动时间滑块到第90帧,然后将对象沿着z轴旋转360°,如图8-25所示。

图8-25

📝 提示

在"坐标"面板中,设置Z为360°,如图8-26所示,就可以实现在z轴上精确旋转360°的效果。"坐标"面板第1列代表位移,第2列代表旋转,第3列代表缩放。

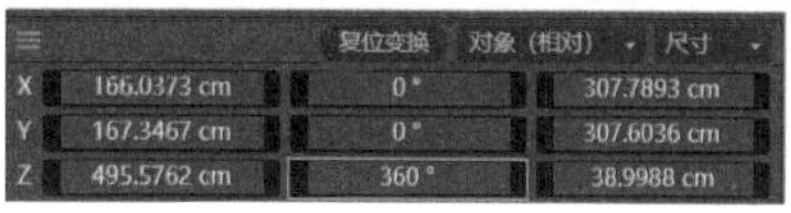

	复位变换	对象 (相对)	尺寸
X	166.0373 cm	0°	307.7893 cm
Y	167.3467 cm	0°	307.6036 cm
Z	495.5762 cm	360°	38.9988 cm

图8-26

04 在第0帧选中左上角的气球模型组，将其向下移动并稍微旋转一些角度，如图8-27所示。

图8-27

> 📝 提示 --->
>
> 　　如果上一步结束后就关闭"自动关键帧" 🔘，那么这一步在移动气球之前要再次打开"自动关键帧" 🔘。

05 拖动时间滑块到第90帧，然后向上移动气球模型组并逆时针旋转一点角度，如图8-28所示。

06 按照步骤04和步骤05的方法制作右侧的气球动画，如图8-29所示。

图8-28　　　　　　　　　　　　　　　　　　　图8-29

07 在"材质"面板中打开黄色自发光材质的"发光"颜色关键帧图标，如图8-30所示，然后在第0帧按F9键记录关键帧。

08 拖动时间滑块到第30帧的位置，调整"发光"的颜色为白色，如图8-31所示。

09 拖动时间滑块到第60帧的位置，调整"发光"的颜色为紫色，如图8-32所示。

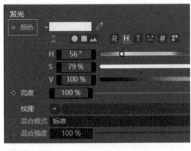
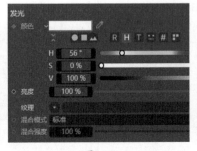
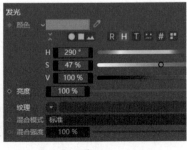

图8-30　　　　　　　　　　　　图8-31　　　　　　　　　　　　图8-32

> 📝 提示 --->
>
> 　　记录完所有关键帧后一定要记得关闭"自动关键帧" 🔘。

10 按F8键预览动画，会发现摩天轮与气球缓起缓停，不是匀速运动。选中摩天轮模型的转盘部分，打开"时间线窗口（函数曲线）"，单击"线性"按钮 🔲 将原本的曲线变为直线，如图8-33所示。

11 选中两个气球模型组，同样将速度曲线变为直线，如图8-34所示。

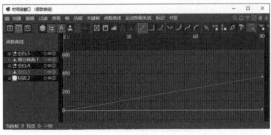
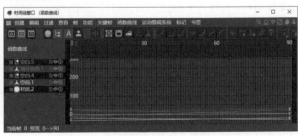

图8-33　　　　　　　　　　　　　　　　　　　图8-34

12 任意选择4帧进行渲染，案例最终效果如图8-35所示。

图8-35

案例实训：制作旋转的音乐盒

案例文件　案例文件>CH08>案例实训：制作旋转的音乐盒
视频名称　案例实训：制作旋转的音乐盒.mp4
学习目标　掌握关键帧动画

本案例制作一个旋转的音乐盒，效果如图8-36所示。

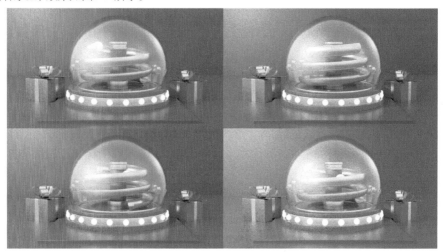

图8-36

01 打开本书学习资源"案例文件>CH08>案例实训：制作旋转的音乐盒"文件夹中的练习文件，如图8-37所示。

02 选中音乐盒内部的螺旋管道和中间的圆柱体模型，然后在第0帧的位置打开"自动关键帧" ⓐ并按F9键添加关键帧，效果如图8-38所示。

图8-37

图8-38

03 拖动时间滑块到第90帧的位置，设置y轴旋转为360°，效果如图8-39所示。

图8-39

04 选中音乐盒的所有组件模型，然后添加"子弹标签"中的"碰撞体"标签 ⬚碰撞体，如图8-40所示。

05 选中音乐盒中的小球模型，添加"子弹标签"中的"刚体"标签 ⬤刚体，如图8-41所示。

06 按F8键模拟动力学动画，可以观察到小球沿着螺旋管道向下滚动，如图8-42所示。

图8-40   图8-41   图8-42

07 选中小球模型的"刚体"标签 ⬤刚体，设置"使用"为"自定义质量"、"质量"为50，如图8-43所示。

📝 提示 --

增大质量可以让小球在管道中多滚动一段距离。

图8-43

08 缓存小球的动力学关键帧，然后任选4帧进行渲染，案例最终效果如图8-44所示。

图8-44

8.4 角色动画

Cinema 4D的角色动画相关命令和工具在"角色"菜单中，如图8-45所示。利用该菜单，可以为角色模型创建骨骼、肌肉和蒙皮，还可以控制权重和添加约束命令。

图8-45

8.4.1 角色

Cinema 4D提供了预置的骨骼系统，可以方便用户快速创建一整套骨骼。在"角色"菜单中执行"角色"命令，可以选择不同类型的骨骼，如图8-46所示。

当选择默认的Advanced Biped骨骼系统后，在"属性"面板中添加不同位置的组件，就能生成一套人体骨骼，如图8-47所示。将骨骼与模型进行绑定，就能在调节骨骼的同时更改模型的造型。

图8-46   图8-47

8.4.2 关节

"关节"是指用来创建角色模型的关节和骨骼。"关节"模型由黄色的"关节"和蓝色的"骨骼"两部分组成,如图8-48所示。单击"关节"按钮 关节 后,场景中只出现黄色的关节模型。

当场景中存在多个关节时,需要设置骨骼之间的父子层级,从而控制这些关节。

图8-49所示的3个关节中,最上方的"关节"是其他两个关节的父层级,"关节.1"是"关节.2"的父层级,效果如图8-50所示。

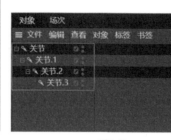

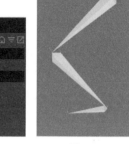

> 💡 提示 - - - - - - - - - - - - - - - >
> 关节的运用相对灵活,像蛇这一类模型就可以通过关节创建其骨骼。

图8-48　　　　　　　　　图8-49　　　　　　　　　图8-50

当选择"关节"并旋转时,会观察到"关节.1""关节.2""关节.3"随之进行旋转,如图8-51所示。

当选择"关节.1"并旋转时,会观察到"关节.2"和"关节.3"随着"关节.1"进行旋转,但"关节"没有发生改变,如图8-52所示。

当选择"关节.2"并旋转时,会观察到"关节"和"关节.1"都没有发生改变,如图8-53所示。

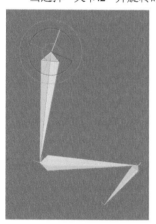

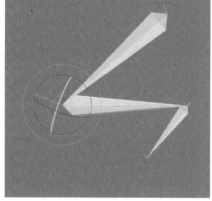

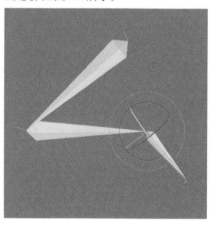

图8-51　　　　　　　　　图8-52　　　　　　　　　图8-53

通过上面3个演示可以总结出:父层级的关节会影响子层级关节的位置,但子层级的关节不会影响父层级关节的位置。掌握这个规律后,就能在制作模型的关节时更清楚地划分出关节的层级关系。

8.5 技术汇总与解析

关键帧动画是动画技术中最难的一部分,并不是难在操作上,而是难在节奏的把控和对象的调整上。第6、7章介绍的粒子动画和动力学动画都可以在预设的参数基础上制作出较为逼真的动画效果,而关键帧动画则完全依靠用户自身设定关键帧的位置以及对象所处时间的造型,具有很强的灵活性,这就对用户的技术要求比较高。

无论是模型、摄像机、灯光还是材质贴图,都可以设定关键帧形成动画。读者需要大量练习,同时留心日常见到的各种动画并对其进行分析,以便在日后的工作中加以运用。

8.6 动画技术拓展实训

下面通过两个拓展实训案例练习本章所学的动画技术。

拓展实训：制作闪烁的发光字

案例文件	案例文件>CH08>拓展实训：制作闪烁的发光字
视频名称	拓展实训：制作闪烁的发光字.mp4
学习目标	掌握关键帧动画

在参数上添加关键帧能形成丰富的动画效果，本案例效果如图8-54所示。

图8-54

训练要求和思路如下。

第1点： 打开本书学习资源"案例文件>CH08>拓展实训：制作闪烁的发光字"文件夹中的练习文件。

第2点： 选中发光的字体模型和心形模型，在"扫描"生成器 ⚡扫描 的"结束生长"参数上添加关键帧，形成生长动画。

第3点： 为气球模型添加向上运动的位移动画。

第4点： 在自发光材质的"亮度"参数上添加关键帧，形成闪烁的动画。

拓展实训：制作齿轮转动动画

案例文件	案例文件>CH08>拓展实训：制作齿轮转动动画
视频名称	拓展实训：制作齿轮转动动画.mp4
学习目标	掌握关键帧动画

在齿轮模型上添加不同方向的旋转关键帧，形成齿轮运动效果，如图8-55所示。

图8-55

训练要求和思路如下。

第1点： 打开本书学习资源"案例文件>CH08>拓展实训：制作齿轮转动动画"文件夹中的练习文件。

第2点： 选中齿轮模型，添加正向或反向的旋转关键帧。

第3点： 齿轮之间的旋转速度要有一些差异，增加动画的丰富程度。

第 **9** 章

渲染技术

前面或多或少涉及了一些渲染方面的内容。本章将系统讲解 Cinema 4D 的渲染器的使用方法。

本章学习要点

▶ 了解渲染器的类型和工具

▶ 掌握渲染器的使用方法

9.1 Cinema 4D的主流渲染器

Cinema 4D自带"标准""物理"和Redshift等渲染器。市面上还有一些可用于Cinema 4D的插件类渲染器。

9.1.1 行业主流渲染器

市面上常见的三维软件渲染器都拥有可以适配Cinema 4D的版本。在Cinema 4D中，使用较多的是软件自带的"标准""物理"和Redshift渲染器，以及作为外置插件的Octane Render。

1. "标准"渲染器

Cinema 4D默认的渲染器是"标准"渲染器，如图9-1所示。"标准"渲染器简单好用，操作原理与其他主流渲染器没有什么区别，唯一的缺点是渲染速度很慢，如果遇到强反射或是带折射的材质，渲染速度就会更慢。

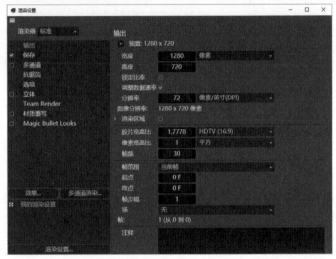

图9-1

2. "物理"渲染器

"物理"渲染器的面板与"标准"渲染器基本相同，只是多了"物理"选项卡，如图9-2所示。在其中可以设置景深或运动模糊的效果，以及抗锯齿的类型与等级。

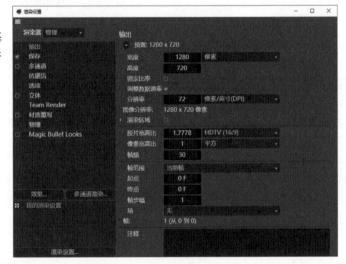

图9-2

3.Redshift渲染器

Redshift渲染器原本是一款插件渲染器，在R26版本中被纳入Cinema 4D作为软件自带的渲染器，如图9-3所示。虽然是内置渲染器，但用户要使用Redshift渲染器还是需要单独付费购买。

Redshift渲染器相对于其他两个自带的渲染器来说，渲染速度快很多，而且渲染的光线更加逼真，也更加柔和。需要注意的是，如果切换到Redshift渲染器，软件会同时切换摄像机、灯光、材质和环境系统，默认的这些工具是不能在Redshift渲染器中进行渲染的。

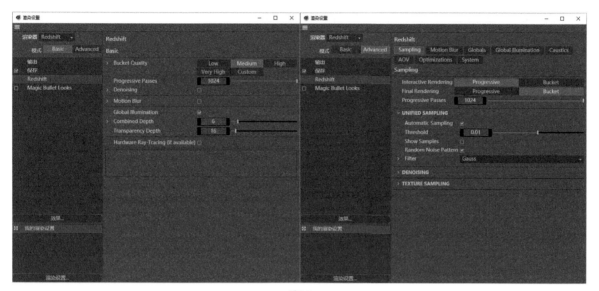

图9-3

☑ 提示 ——— 〉

　　Redshift渲染器没有中文语言包，只显示英文版本。

4.Octane Render

　　Octane Render是Cinema 4D中常用的一款付费插件GPU渲染器。Octane Render在自发光和SSS材质的表现上相当出色，渲染速度也相对较快，渲染的光线比较柔和，渲染效果看起来很舒服，如图9-4所示。

　　Octane Render和Redshift一样，也拥有一套相对应的材质、灯光、摄像机和渲染参数，与Cinema 4D默认的材质、灯光、摄像机和天空等不兼容。图9-5所示为Octane Render的渲染设置面板。

图9-4

图9-5

9.1.2 渲染器类型的选择

　　渲染器一般分为CPU和GPU两大类。用户在选择渲染器时，要参考自身计算机的配置。

　　如果CPU很好但显卡一般，就选用系统自带的"标准""物理"和Redshift渲染器，也可以用Arnold、VRay和Corona等插件渲染器的Cinema 4D版本。

如果CPU一般但显卡很好，就选用Octane Render和GPU版的Redshift渲染器。

📝 提示 --

在使用Octane Render时需要注意软件版本和显卡型号。

Octane Render只支持N卡（NVIDIA 公司出品的显卡），且对显卡要求比较高。RTX系列的显卡只支持Octane Render 4.0系列的版本。GTX系列的显卡只支持Octane Render 3.0系列的版本，但3.0系列的渲染器不带灯光排除功能。

GTX系列显卡较为便宜，支持3.0系列的Octane Render, Cinema 4D建议选用R18或R19版本。RTX系列显卡较贵，支持4.0系列的Octane Render, Cinema 4D选用R20以上版本。

本书用的2023版本的Cinema 4D, 就只能使用4.0系列的Octane Render, 而且需要付费。

9.2 "标准"渲染器和"物理"渲染器详解

"标准"渲染器和"物理"渲染器作为Cinema 4D自带的免费渲染器，参数简单、好用，除了渲染速度较慢外，没有其他较大的缺点。本节将讲解这两款渲染器的使用方法。

9.2.1 输出

单击工具栏1中的"编辑渲染设置"按钮（快捷键为Ctrl+B），就会打开"渲染设置"面板，默认显示"输出"选项卡。

在"输出"选项卡中可以设置渲染图片的尺寸、分辨率以及渲染帧的范围，如图9-6所示。

"宽度"和"高度"决定输出图像的大小，默认单位为"像素"。如果不作为印刷文件，一般不会修改尺寸单位。勾选"锁定比率"复选框后，只要修改"宽度""高度"中的任意一个参数，另一个参数会根据"胶片宽高比"的值相应地变化。

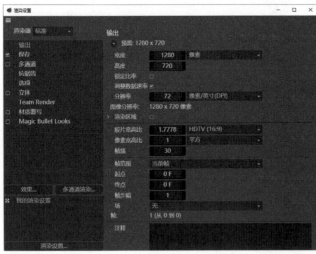

"分辨率"默认情况下是72像素/英寸（DPI），这个值在电子屏幕上显示完全够用。如果渲染的图片要作为印刷文件，这个值就要修改到300像素/英寸（DPI）。

如果只想渲染画面中的一部分，勾选"渲染区域"复选框后，在下方的参数中设置渲染区域的大小，如图9-7所示。

图9-6

图9-7

"帧频"也就是常说的帧速率，是指1秒包含多少帧。默认情况下"帧频"为30，代表1秒有30帧，这种帧速率符合NTSC播放制式，而常见的PAL制式则需要25帧/秒的帧速率。根据不同的播放设备，选择适合的帧速率。

在"帧范围"下拉菜单中可以选择渲染动画的帧的范围，如图9-8所示。如果只是渲染单帧，选择"当前帧"即可。如果要渲染动画的序列帧，则选择"全部帧"或"预览范围"。

图9-8

"起点"和"终点"代表了帧范围的起始位置和结束位置，"帧步幅"则代表渲染帧的间隔频率，默认值为1，代表逐帧渲染。

9.2.2 保存

"保存"选项卡用于设置渲染图片的保存路径和格式,如图9-9所示。设置完成后,渲染的图片或视频会按照设定的参数自动保存。

在"文件"通道中设置渲染文件的保存路径,渲染完成后文件会自动保存。如果不设置该路径,渲染完的文件会缓存在"图像查看器"中,需要单独设置保存路径和格式等信息。

在"格式"下拉菜单中可以选择渲染文件的保存格式,如图9-10所示。上半部分是图片格式,下半部分是视频格式。

☑ 提示 ------------------------------ >

选择视频格式后,"图像查看器"中的序列帧图片会自动合成为视频文件。

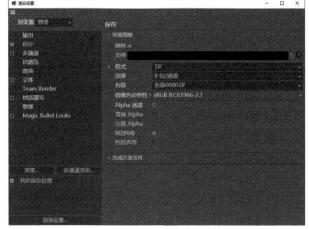

图9-9

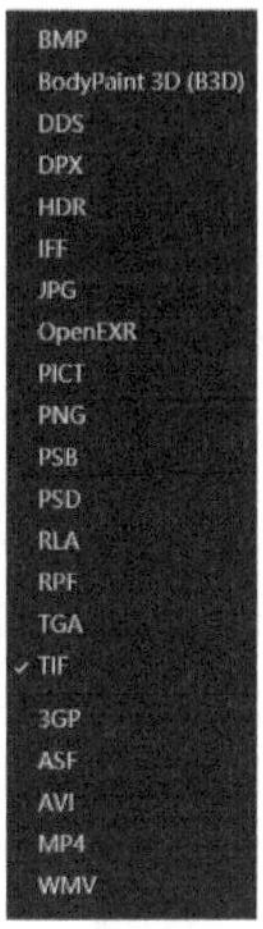

图9-10

在"名称"下拉菜单中可以选择文件名称的呈现形式,如图9-11所示。勾选"Alpha通道"复选框后,渲染的图片会自动显示Alpha通道。

图9-11

9.2.3 抗锯齿

"抗锯齿"选项卡用于控制模型边缘的锯齿,让模型的边缘更加圆滑、细腻,如图9-12所示。需要注意的是,"抗锯齿"功能只有在"标准"渲染器中才能完全使用。

"标准"渲染器中的"抗锯齿"类型有"无""几何体""最佳"3种模式,如图9-13所示。"几何体"有一定的抗锯齿效果,且渲染速度较快,一般在测试渲染时使用。"最佳"的抗锯齿效果较好,常用于成图渲染,但是渲染速度相对较慢。当设置"抗锯齿"为"最佳"时,会激活"最小级别"与"最大级别"参数。这两个参数的值设置得越大,画面的质量会越好,渲染速度会越慢。

☑ 提示 ------------------------------ >

抗锯齿功能在很多渲染器中都存在,目的都是消除图像边缘的锯齿。在渲染毛发类细小的模型时,抗锯齿的级别会极大地影响画面效果。

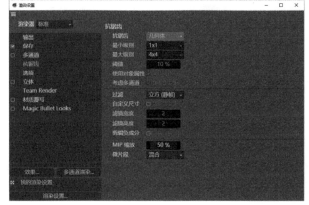

图9-12

图9-13

"过滤"在一些渲染器中也会存在相同类型的参数,用于设置画面的清晰度,由于其差别不是很大,读者可按照喜好使用。"过滤"下拉菜单如图9-14所示。

☑ 提示 --- >

笔者习惯在测试渲染时用"立方(静帧)",在渲染成图时使用Mitchell。

图9-14

9.2.4 材质覆写

"材质覆写"选项卡用于为场景整体添加一个材质,但不改变场景中模型本身的材质,如图9-15所示。在第2章的案例效果展示中,展示了一个带材质模型的效果和一个白模效果,使用"材质覆写"功能添加一个白模材质,就能整体覆盖已有材质的场景,快速渲染出一个白模场景。

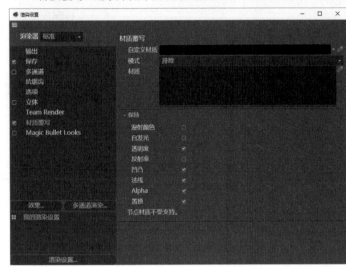

将材质拖到"自定义材质"通道中,就可以将该材质覆盖整个场景。在"模式"下拉菜单中可以选择不同的模型,如图9-16所示。如果有不需要被覆盖的模型,就将该对象拖到"材质"通道中。

图9-15

图9-16

默认情况下,透明类材质的模型不会被覆盖。在"保持"中取消勾选"透明度"复选框,就会让透明类材质的模型也被覆盖。其余的复选框也是同理。

9.2.5 物理

当渲染器的类型切换到"物理"时,会自动添加"物理"选项卡,如图9-17所示。第3章已经讲解了用该面板制作景深效果和运动模糊效果。

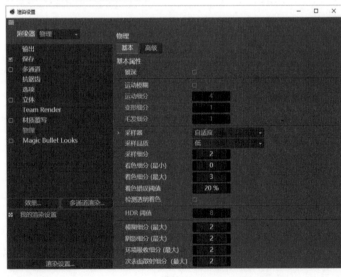

"景深"和"运动模糊"复选框只要勾选后,就能配合摄像机渲染出相应的效果。勾选"运动模糊"复选框后会激活"运动细分""变形细分""毛发细分"3个参数,这3个参数都用于增加画面的细分值,尽量减少画面的颗粒感。

"物理"渲染器中的"采样器"用于控制画面中的锯齿大小,和"抗锯齿"的作用相同,在下拉菜单中可以选择不同的抗锯齿类型,如图9-18所示。

图9-17

图9-18

在"采样品质"下拉菜单中可以选择不同的抗锯齿级别,级别越高,渲染的速度越慢。增大"采样细分"的值可以让画面质感更加细腻,减少画面中的颗粒感噪点。

9.2.6 全局光照

"全局光照"是非常重要的选项卡，能计算出场景的全局光照效果，让渲染出的画面更接近真实的光影关系，如图9-19所示。"全局光照"也叫GI，是大多数渲染器中都有的功能，通过计算直接光照和间接光照，尽可能地还原真实的光影效果。

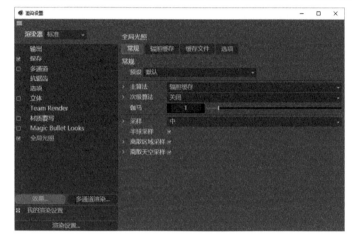

图9-19

💡 提示 ----------------------------->

　　"全局光照"选项卡不是"渲染设置"面板中默认的选项卡。单击"效果"按钮，在弹出的菜单中选择"全局光照"命令就可以添加该选项卡，如图9-20所示。

图9-20

在"预设"下拉菜单中可以选择系统提供的渲染模式，如图9-21所示。该下拉菜单对初学者来说非常好用，因为不用记复杂的渲染参数，只要选择合适的预设，就能快速设定"全局光照"的级别。

"主算法"用于设置光线首次反弹的方式，在下拉菜单中可以选择不同的类型，如图9-22所示。QMC的算法按照像素直接渲染，效果会更好但渲染速度较慢。"辐照缓存"是一致计算光线的算法，会提前渲染光子文件，速度较快但有时候质量会比QMC稍微差一些。

图9-21

图9-22

"次级算法"用于设置二次反弹的方式，同样可以在下拉菜单中选择不同的类型，如图9-23所示。

"伽马"用于设置画面的整体亮度值，建议保持默认。

"采样"用于设置图像采样精度，在下拉菜单中可以选择不同的等级，如图9-24所示。一般情况下，保持默认的"中"就可以渲染出质量较好的图片。如果想快速预览图像，选择"低"即可。

当"主算法"和"次级算法"均设置为"辐照缓存"时，切换到"辐照缓存"选项卡，就可以设置辐照缓存的精度，如图9-25所示。

图9-23

图9-24

图9-25

💡 提示 -->

　　场景中的光源可以分为两大类：一类是直接照明光源，另一类是间接照明光源。直接照明光源发出的光线直接照射到物体上形成照明效果；间接照明光源发出的光线由物体表面反弹后照射到其他物体表面形成光照效果，如图9-26所示。全局光照是由直接照明和间接照明一起形成的照明效果，更符合现实中的真实光照。

　　在Cinema 4D的全局光照渲染中，渲染器需要进行灯光的分配计算，分别是"首次反弹算法"和"二次反弹算法"。经过两次计算后，再渲染出图像的反光、高光和阴影等效果。

　　全局光照的"主算法"和"次级算法"中有多种计算模式，下面将讲解各种模式的优缺点，方便读者进行选择。

　　辐照缓存：优点是计算速度较快，加速区域光照产生的直接漫射照明，且能存储重复使用；缺点是在间接照明时可能会模糊一些细节，尤其是在计算动态模糊时，这种情况更为明显。

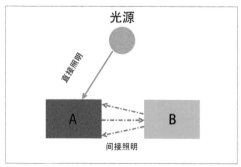

图9-26

QMC：优点是保留间接照明里的所有细节，在渲染动画时不会出现闪烁；缺点是计算速度较慢。

光子贴图：优点是加快产生场景中的光照，且可以被储存；缺点是不能计算由天光产生的间接照明。

辐射贴图：优点是参数简单，与光线映射类似，计算速度快，且可以计算天光产生的间接照明；缺点是效果较差，不能很好表现凹凸纹理效果。

下面列举一些搭配使用比较多的渲染引擎组合，读者可以直接套用在渲染场景中。

第1种：QMC＋QMC。

第2种：QMC＋"辐照缓存"。

第3种："辐照缓存"＋"辐照缓存"。

第4种："辐照缓存"＋"辐射贴图"。

案例实训：为场景添加全局光照

案例文件	案例文件>CH09>案例实训：为场景添加全局光照
视频名称	案例实训：为场景添加全局光照.mp4
学习目标	熟悉常见的全局光照引擎组合

本案例将用一个简单的场景测试全局光照的不同效果，如图9-27所示。

01 打开本书学习资源"案例文件>CH09>案例实训：为场景添加全局光照"文件夹中的练习文件，如图9-28所示。场景中已经建立了摄像机、灯光和材质。

图9-27

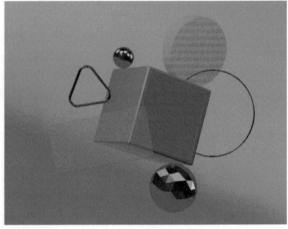
图9-28

02 单击"编辑渲染设置"按钮 🎬，打开"渲染设置"面板，如图9-29所示。此时的渲染器中还没有添加"全局光照"，渲染的效果如图9-30所示。可以观察到模型的颜色偏暗。

图9-29

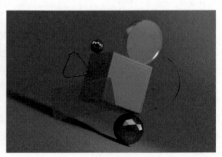
图9-30

03 在"渲染设置"面板中单击"效果"按钮,在弹出的菜单中选择"全局光照"命令,如图9-31所示。全局光照的"渲染设置"面板如图9-32所示。

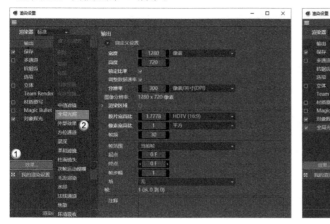

图9-31

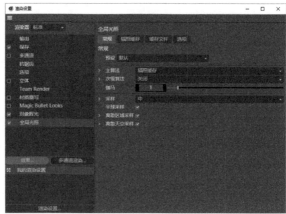

图9-32

04 保持默认的参数设置,按快捷键Shift+R渲染场景,效果如图9-33所示。渲染共用时3分3秒。

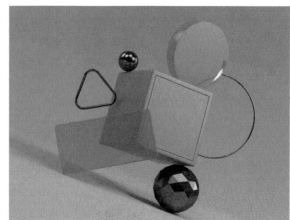

☑ 提示 --- >

　　不同的计算机渲染的时间是有差异的,这里仅作为渲染测试的参考。

图9-33

05 设置"主算法"和"次级算法"的类型都为"辐照缓存",如图9-34所示。渲染场景的效果如图9-35所示。渲染共用时4分8秒,虽然消耗的时间比上一次长一点,但图片的光感和色彩明度明显优于前者。

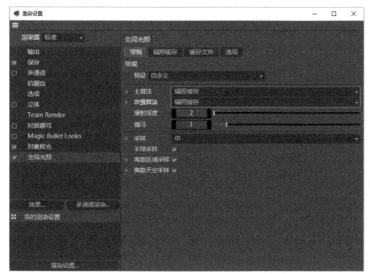

图9-34

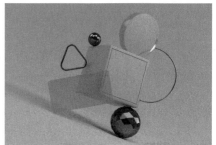

图9-35

06 设置"主算法"为"辐照缓存"、"次级算法"为"辐射贴图",如图9-36所示。渲染场景的效果如图9-37所示。渲染共用时59秒,消耗的时间与第1组差不多,且画面效果也与第1组差异较小。

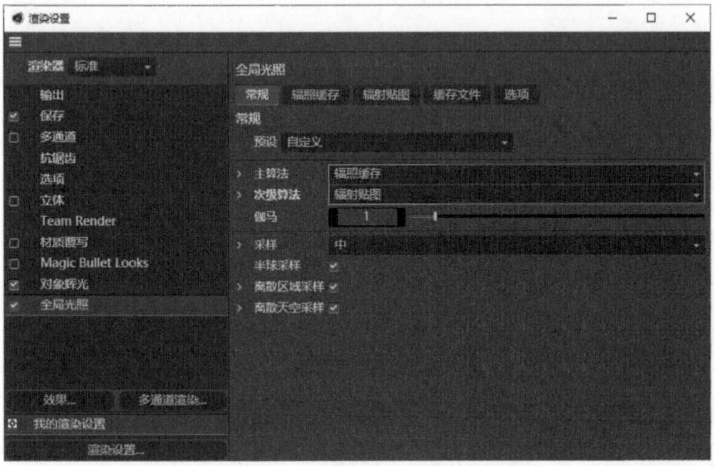

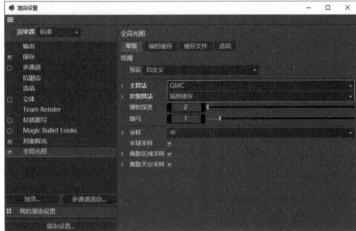

图9-36

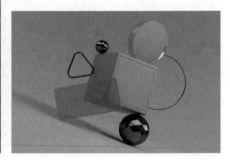

图9-37

07 设置"主算法"为QMC、"次级算法"为"辐照缓存",如图9-38所示。渲染场景的效果如图9-39所示。渲染共用时8分49秒,消耗的时间比第2组长,但光感和色彩明度与第2组类似。

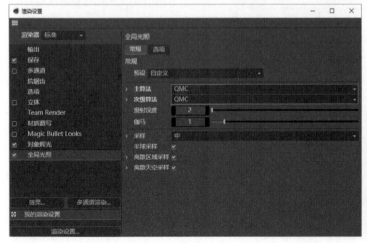

图9-38

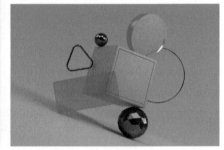

图9-39

08 设置"主算法"和"次级算法"都为QMC,如图9-40所示。渲染场景的效果如图9-41所示。渲染共用时15分24秒,消耗的时间是所有引擎里最长的,光感和色彩明度与第2组类似,边缘和细节更为清晰。

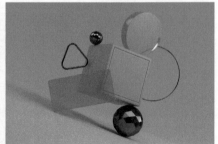

图9-40

图9-41

通过以上引擎组合的渲染对比，当"主算法"为QMC、"次级算法"为QMC或"辐照缓存"时，渲染质量最好，速度也比较快，推荐日常工作中使用；当"主算法"为"辐照缓存"、"次级算法"为"辐射贴图"时，能渲染出大致光影效果且速度很快，适合测试场景时使用。

提示 --- 〉

如果每做一个场景都调整一次渲染参数未免有些麻烦，这里讲解一个存储渲染参数的方法，方便随时调用。

当设置完渲染参数以后，单击"渲染设置"面板左下方的"渲染设置"按钮，然后在弹出的菜单中选择"保存预置"命令，如图9-42所示。

此时系统会弹出"保存我的渲染设置"对话框，如图9-43所示。在对话框中输入保存的名称，单击"确定"按钮。

图9-42

图9-43

如果要调用保存的参数，只需要单击"渲染设置"按钮，在弹出的菜单中选择"加载设置"命令，菜单中会显示用户保存的渲染参数，选择需要的参数进行调用即可，如图9-44所示。

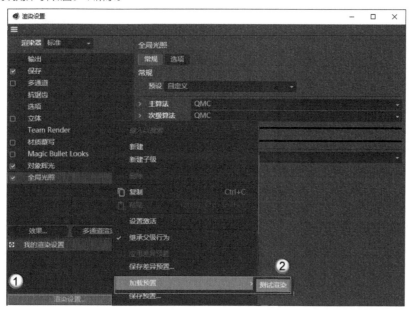

图9-44

需要注意的是，如果用户卸载重装了软件，那么已保存的这些参数也会一起被卸载，需要重新设置和保存。

9.3 不同模式的渲染方法

Cinema 4D在渲染单帧图、序列图和视频的方法上有所区别，本节就详细讲解这3种类型的输出文件的渲染方法。

9.3.1 单帧图渲染

默认情况下，"渲染设置"面板中的参数是保持单帧图渲染的模式。在"输出"选项卡中需要设置渲染图片的"宽度""高度""分辨率"，如图9-45所示。

在"保存"选项卡中设置渲染图片的保存路径、格式，如果是带透明通道的图片，需要勾选"Alpha通道"复选框，如图9-46所示。

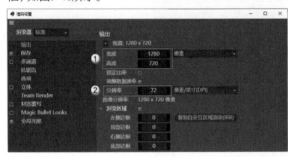

图9-45   图9-46

📋 提示 --

一般情况下，渲染图片选择JPG格式，渲染带透明通道的图片选择PNG格式。

在"抗锯齿"选项卡中设置"抗锯齿"为"最佳"、"最小级别"为2×2、"最大级别"为4×4，"过滤"可以设置为Mitchell，也可以保持默认设置，如图9-47所示。

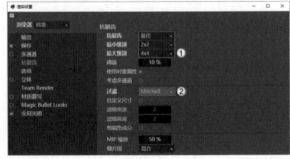

📋 提示 --->

如果要渲染毛发这类细小的模型，需要增大"最小级别"和"最大级别"的值。

图9-47

在"全局光照"选项卡中设置"主算法"和"次级算法"都为"辐照缓存"，如图9-48所示。如果渲染效果不理想，可以设置"主算法"为QMC，如图9-49所示。

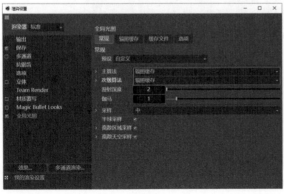
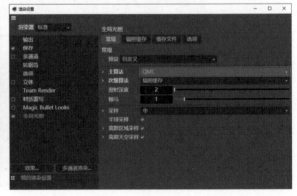

图9-48   图9-49

案例实训：渲染夏日主题效果图

案例文件	案例文件>CH09>案例实训：渲染夏日主题效果图
视频名称	案例实训：渲染夏日主题效果图.mp4
学习目标	掌握单帧图渲染的参数设置方法

借助所学的知识，渲染一个场景的单帧图效果，如图9-50所示。

01 打开本书学习资源"案例文件>CH09>案例实训：渲染夏日主题效果图"文件夹中的练习文件，如图9-51所示。场景中已经建立好了摄像机、灯光和材质。

图9-50 图9-51

02 按快捷键Ctrl+B打开"渲染设置"面板，在"输出"选项卡中设置"宽度"为1280像素、"高度"为720像素，如图9-52所示。

03 在"抗锯齿"选项卡中设置"抗锯齿"为"最佳"、"最小级别"为2×2、"最大级别"为4×4、"过滤"为Mitchell，如图9-53所示。

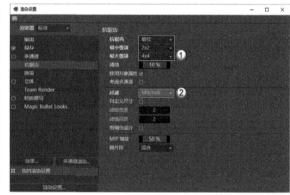

图9-52 图9-53

04 添加"全局光照"，然后设置"主算法"和"次级算法"都为"辐照缓存"，如图9-54所示。

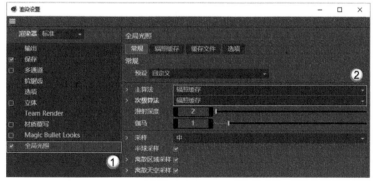

图9-54

05 按快捷键Shift+R渲染场景，效果如图9-55所示。

图9-55

9.3.2 序列帧渲染

序列帧是指在渲染动画时,将每一帧都渲染为一张图片所生成的一系列连续的图片。在设置渲染序列帧的时候,只需要更改"输出"选项卡中的"帧范围"为"全部帧"即可,如图9-56所示。需要注意的是,如果动画比时间线终点短,就将"终点"的值设置为动画的最后一帧。

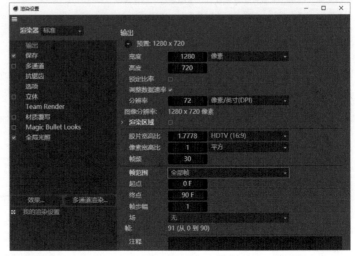

图9-56

9.3.3 视频渲染

渲染的序列帧虽然能生成动画,但还需要导入后期软件合成后才能生成视频格式的动画。在Cinema 4D中可以直接渲染视频格式的文件,这样就省去了导入后期软件的过程,极大地提高了制作效率。

视频渲染的方法与序列帧渲染的方法基本相同,唯一不同的地方是在保存文件的格式时需要选择视频格式,如图9-57所示。常用的视频格式是MP4和WMV两种,这两种格式的视频体积较小,且画面较为清晰,也方便导入其他视频软件进行编辑。

图9-57

案例实训: 渲染科技感视觉动画

案例文件	案例文件>CH09>案例实训:渲染科技感视觉动画
视频名称	案例实训:渲染科技感视觉动画.mp4
学习目标	掌握视频渲染的参数设置方法

本案例要将一个视觉动画场景渲染为视频,效果如图9-58所示。

图9-58

01 打开本书学习资源"案例文件>CH09>案例实训：渲染科技感视觉动画"文件夹中的练习文件，如图9-59所示。

02 按快捷键Ctrl+B打开"渲染设置"面板，在"输出"选项卡中设置"宽度"为720像素、"高度"为405像素、"帧范围"为"手动"、"起点"为0F、"终点"为30F，如图9-60所示。

图9-59

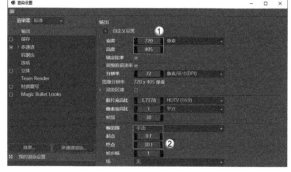

图9-60

03 在"保存"选项卡中设置渲染文件的保存路径，然后设置"格式"为MP4，如图9-61所示。

04 在"抗锯齿"选项卡中设置"抗锯齿"为"最佳"、"最小级别"为2×2、"最大级别"为4×4、"过滤"为Mitchell，如图9-62所示。

图9-61

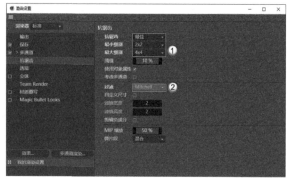

图9-62

05 添加"全局光照",设置"主算法"和"次级算法"都为"辐照缓存",如图9-63所示。

06 按快捷键Shift+R渲染场景,在"图像查看器"中可以观察到逐帧渲染的图像,如图9-64所示。

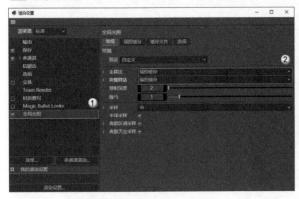

图9-63

图9-64

07 渲染完成后,在保存文件的路径中可以找到渲染完成的视频文件,如图9-65所示。

图9-65

08 在视频中任意截取4帧,案例最终效果如图9-66所示。

图9-66

📝 提示 --

如果不想在后期软件中调整渲染图的效果,也可以在"图像查看器"中简单调节。

"图像查看器"的右侧有"滤镜"选项卡,如图9-67所示。在该选项卡中可简单调节渲染图的亮度、对比度、曝光及颜色校正。

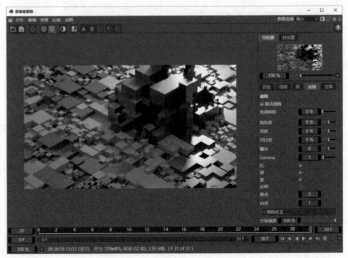

图9-67

9.4 技术汇总与解析

渲染是场景制作的最后一步，通过渲染能呈现之前所做操作的效果，生成图片或视频。渲染的难度不大，可以公式化操作，对初学者较为友好。在选择渲染器时，要根据使用目的、计算机配置和经济能力选择适合自身的，无论哪种渲染器都能做出好看的作品。在调整渲染参数时，也需要根据计算机的配置进行设置，以便在较短的时间内实现预想的画面效果。

9.5 渲染技术拓展实训

下面通过两个拓展实训的案例，练习本章所学的内容。

拓展实训：渲染科技芯片场景

案例文件　案例文件>CH09>拓展实训：渲染科技芯片场景
视频名称　拓展实训：渲染科技芯片场景.mp4
学习目标　练习标准渲染器的参数设置方法

运用"标准"渲染器渲染科技芯片场景的单帧图，效果如图9-68所示。

图9-68

训练思路及要求如下。

第1点： 打开本书学习资源"**案例文件>CH09>**拓展实训：渲染科技芯片场景"文件夹中的练习文件。

第2点： 在"渲染设置"面板中调整渲染图片的尺寸。

第3点： 调整"抗锯齿"选项卡中的参数。

第4点： 添加"全局光照"，并设定渲染引擎。

拓展实训： 渲染电商Banner展示图

案例文件　　案例文件>CH09>拓展实训：渲染电商Banner展示图
视频名称　　拓展实训：渲染电商Banner展示图.mp4
学习目标　　练习物理渲染器的参数设置方法

运用"物理"渲染器渲染带景深效果的电商Banner展示图，效果如图9-69所示。

图9-69

训练思路及要求如下。

第1点： 打开本书学习资源"案例文件>CH09>拓展实训：渲染电商Banner展示图"文件夹中的练习文件。

第2点： 在"渲染设置"面板中切换到"物理"渲染器，调整渲染图片的尺寸。

第3点： 开启"景深"效果，并调整"采样器"参数。

第4点： 添加"全局光照"，并设定渲染引擎。

第 **10** 章

项目综合实训

通过前面 9 章的学习，读者应该熟悉了使用 Cinema 4D 制作一个项目时会用到的各方面知识。本章就将之前的知识进行融合，介绍如何制作各个工作门类的项目。读者不仅要学会项目的制作方法，更重要的是学习制作思路。

本章学习要点

▶ 掌握平面设计方向项目的制作流程和思路

▶ 掌握电商设计方向项目的制作流程和思路

▶ 掌握游戏美术方向项目的制作流程和思路

▶ 掌握 MG 动画方向项目的制作流程和思路

10.1 平面设计方向项目

本节将讲解Cinema 4D在平面设计方向的图片制作。对平面设计师来说，Cinema 4D属于平面设计的辅助软件，可以帮助平面设计师完成一些三维元素的制作或三维场景的搭建。

10.1.1 平面设计方向的概述

对于传统平面设计，设计师如果需要制作带有立体感的元素，就需要在Photoshop中制作投影或各种光效。这对于不熟悉光影结构的设计师来说比较难以掌控，且需要花费大量时间。而运用Cinema 4D能在很短的时间里制作出三维元素，并通过灯光营造逼真的光影。设计师将这些元素合成到Photoshop中，调色后就能与整个设计相融合。

10.1.2 节日放假通知海报

案例文件	案例文件>CH10>节日放假通知海报
视频名称	节日放假通知海报.mp4
学习目标	掌握含三维元素的海报的制作方法

在制作本案例的海报时，需要先在Cinema 4D中制作海报中主要的表现元素毛绒数字5和1的模型，将其打光并赋予材质，单独渲染完成后，导入Photoshop中，然后制作其他的海报文字和元素。案例效果如图10-1所示。

图10-1

1.制作三维模型

在Cinema 4D中先建立毛绒数字模型，然后添加灯光和材质并将其单独渲染为一个元素，如图10-2所示。需要注意的是，三维元素模型要在Photoshop中合成，所以在渲染的时候不要带背景，保存图片时要勾选Alpha通道，并保存为PNG格式。这样操作后，导入Photoshop的素材就不需要再抠背景，减少了不必要的操作。

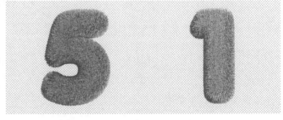

图10-2

☑ 提示 ----------------------------->

为了后期制作方便，两个模型要分别渲染为一张素材图片。

2.导入后期合成

在Photoshop中建立海报的图像,然后导入三维和二维的素材并摆在合适的位置,如图10-3所示。导入的素材颜色较深,需要提高亮度,效果如图10-4所示。

导入二维素材,摆放在画面中,增加画面的丰富性,如图10-5所示。添加文字内容并排版,点出海报的主题,完成整个项目的制作,效果如图10-6所示。

  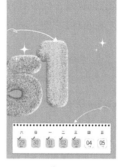 

图10-3　　　　　　图10-4　　　　　　图10-5　　　　　　图10-6

10.1.3 技术汇总与解析

平面设计方向的内容主要是在平面软件中完成,在Cinema 4D中更多的是完成一些三维元素的建模和渲染。这一部分的内容难度不是很高,建模、添加灯光和材质、渲染都是较为基础的内容。整体的难点还是在平面软件中合成时怎样让不同类型的素材在画面中和谐呈现。关于平面设计的内容不是本书的重点,就不展开细讲。

10.1.4 平面设计方向实训

案例文件　　案例文件>CH10>抽象视觉海报
视频名称　　抽象视觉海报.mp4
学习目标　　练习三维海报的制作方法

学习完本节的知识后,下面安排了相应的实训供读者练习。读者可以打开场景文件自行练习,根据自己的想法去发挥,任意处理场景;也可以观看教学视频,参考笔者的制作思路。本实训的参考效果如图10-7所示。

训练思路和要求如下。

第1步: 在Cinema 4D中使用"平面"工具 ◆ 平面 新建平面,添加"置换"变形器 置换 将模型变为背景。

第2步: 在场景中添加灯光和材质并渲染。

第3步: 在Photoshop中导入渲染的图片并调色。

第4步: 输入文字并添加边框。

图10-7

10.2 电商设计方向项目

电商设计方向严格来说也算是平面设计方向中的一种，只是在Cinema 4D的日常运用中使用频率较高，所以单独介绍。在电商设计中，Cinema 4D的使用占比较高，Photoshop的使用占比较低。

10.2.1 电商设计方向的概述

在电商设计中，Cinema 4D是重点，用于创建产品模型和搭建场景，这样就能创建出逼真的场景展示图片或视频。这些图片或视频会运用在电商网站中作为Banner、详情页、产品头图或展示动画。

Cinema 4D比其他三维软件容易上手且易于操作，很多电商设计方向的设计师会运用Cinema 4D制作视觉效果丰富的产品展示页面。使用Cinema 4D所制作出的效果是很多传统平面设计软件达不到的，对于日益精美的电商展示页面来说，Cinema 4D是非常重要的。

10.2.2 促销电商Banner

案例文件	案例文件>CH10>促销电商Banner
视频名称	促销电商Banner.mp4
学习目标	掌握电商Banner的制作方法

在制作本案例时，要在Cinema 4D中建立场景模型，添加灯光和材质并渲染出效果图，然后导入Photoshop中添加文字信息，效果如图10-8所示。

图10-8

1.搭建三维场景

在Cinema 4D中创建几何体模型搭建场景。使用"地板"工具 和"立方体"工具 搭建场景的大致形态，然后创建"摄像机" 确定构图，如图10-9所示。

使用"立方体"工具 创建不同大小的模型填补右侧，要注意模型的前后关系，使画面看起来有层次感。空隙部分使用"平面"工具 填补即可，如图10-10所示。

图10-9   图10-10

　　将平面模型复制一份并添加"晶格"生成器，得到网格状模型，如图10-11所示。

　　在画面右下角创建一个圆柱体模型，并添加"晶格"生成器，使其变成网格状模型，在内部创建一个小的球体模型，如图10-12所示。

图10-11   图10-12

　　在画面左侧大片空白的立方体表面添加文本模型，需要提前预留出在Photoshop中添加文字的位置，如图10-13所示。

　　将文本复制一份并添加圆角效果，增加画面的丰富程度，如图10-14所示。至此，场景建模部分就完成了。

图10-13   图10-14

2.添加灯光和材质

　　场景搭建完成后，需要根据摄像机的角度添加灯光。根据场景结构，选择HDRI贴图作为环境光，然后添加一个灯光作为主光源，效果如图10-15所示。

　　添加材质时，场景模型的材质以纯色为主，部分模型使用金属材质加以区分，使画面看起来更有质感，且具有层次感，如图10-16所示。

图10-15   图10-16

3.添加文字信息

　　将渲染完成的图片导入Photoshop中进行调色，然后添加相关的文字信息，这样一张Banner就制作完成了，效果如图10-17所示。

图10-17

10.2.3 护肤品展示页面

案例文件　　案例文件>CH10>护肤品展示页面
视频名称　　护肤品展示页面.mp4
学习目标　　掌握电商产品展示图的制作方法

本案例是制作一个护肤品展示页面，需要着重表现画面中心的产品，周围的模型为画面增添了氛围感，效果如图10-18所示。

图10-18

1.制作产品模型

在Cinema 4D中通过建模操作制作护肤品的外观。建模的步骤不是很复杂，将圆柱体模型转为可编辑对象，再对模型的细节进行调整即可，效果如图10-19所示。

场景的建模不是很复杂，运用两个圆柱体模型搭建展台，两边使用地形模型生成自然的地形效果，再添加毛发生成草地效果，展台下方使用平面模型，添加"置换"变形器  生成水面的波纹效果，背景部分使用部分圆柱体形成带弧度的背景板，最后在画面中随机添加一些球体模型作为漂浮的水球来营造氛围，效果如图10-20所示。

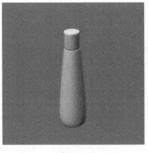

📋 提示 ------------------------->

相较于之前的案例，本案例在建模方面复杂一些，读者可根据自己的能力在案例的基础上适当简化。

图10-19　　　　　　　　　　　　图10-20

2.添加灯光和材质

场景中的环境光来自HDRI贴图，在摄像机的后面补一个灯光提亮产品，尽量使产品正面不产生阴影，以免影响产品的展示效果，如图10-21所示。

在材质方面，产品的材质需要着重表现，瓶身为玻璃材质，瓶内的液体有颜色，瓶盖则是金属材质。两个圆柱体的材质为半透明磨砂玻璃，水面材质可以添加一些环境颜色，背景则是添加一张外部贴图。草坪的材质依靠毛发材质形成带渐变效果的蓝色毛发。整体材质效果如图10-22所示。

3.后期调色

将渲染完成的图片导入Photoshop中，调整整体色调，弱化背景部分的内容，使画面呈现一定的景深效果，案例最终效果如图10-23所示。

图10-21

图10-22

图10-23

☑ 提示 --- ⟩

在后期处理渲染图片时一定要注意，画面的焦点一定是产品，不能让周围的配景模型成为视觉中心。

10.2.4 技术汇总与解析

通过以上两个案例可以感受到电商设计中主要的工作在Cinema 4D中完成。画面中绝大多数对象，包括文字，都可以在Cinema 4D中建模和渲染，而在后期软件中只需要调色和添加少部分装饰。

当然这些步骤也不是绝对的，例如一些场景模型可以通过Cinema 4D建模完成，而产品是在专业的摄影棚中拍的实景照片，最后通过Photoshop进行合成。无论使用哪种方法，Cinema 4D是必不可少的存在。读者在实际工作中应根据具体情况与自己的能力合理且灵活地选择方法完成项目。

10.2.5 电商设计方向实训

案例文件	案例文件>CH10>促销页面展示图
视频名称	促销页面展示图.mp4
学习目标	练习电商展示图的制作方法

学习完本节的知识后，下面安排了相应的实训供读者练习。读者可以打开场景文件自行练习，根据自己的想法去发挥，任意处理场景；也可以观看教学视频，参考笔者的制作思路。本实训的参考效果如图10-24所示。

图10-24

训练思路和要求如下。

第1步： 在Cinema 4D中使用"文本"工具 ▶ 文本 创建立体文字，使用"矩形"工具 □ 矩形 、"圆环"工具 ○ 调环 和"扫描"生成器 ▶ 扫描 等创建背景板。

第2步： 在场景中添加灯光和材质并渲染。

第3步： 在Photoshop中导入渲染的图片并调色。

第4步： 添加背景素材并适当模糊，然后与导入的三维素材模型合成。

10.3   游戏美术方向项目

Cinema 4D在游戏美术方向多用于制作游戏角色和游戏场景。也就是说,在这一类项目中,建模是重中之重。

10.3.1 游戏美术方向的概述

在游戏项目中,Cinema 4D只承担美术这一块的内容,负责创建场景和角色。至于如何让游戏角色产生互动,就需要将模型导入引擎中进行设置。

如果经常浏览游戏平台就会发现,在一些休闲类手机游戏中,卡通类模型和低多边形类模型很常见,这种模型不复杂,整个场景也比较小,手机运行起来不会有很大的负担。像我们日常玩的消消乐、模拟经营类游戏,很多都是用的这种风格的模型。

10.3.2 卡通游戏场景

案例文件	案例文件>CH10>卡通游戏场景
视频名称	卡通游戏场景.mp4
学习目标	掌握游戏场景的制作方法

本案例制作模拟经营类游戏的场景,运用Cinema 4D制作整个场景的地形模型和建筑模型,然后添加灯光和材质,最后渲染,效果如图10-25所示。

图10-25

1.创建主建筑模型

主建筑模型是在圆柱体的基础上,通过可编辑对象建模修改而成,通过多个圆柱体模型,拼出饮料店模型的外形,如图10-26所示。

运用"弯曲"变形器 弯曲 和"克隆"生成器 克隆 将立方体弯曲后再线性克隆生成遮阳棚模型,如图10-27所示。

球体和管道模型用于模拟吸管和饮料里的"珍珠",编辑后的立方体作为灯箱放在遮阳棚上方,如图10-28所示。

图10-26

图10-27

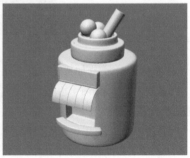

图10-28

运用样条线绘制梯子扶手的路径，与圆环进行扫描，就能生成梯子扶手模型。为圆柱体添加"克隆"生成器 ![克隆]，得到梯子的踏板，带圆角的圆柱体则放在梯子扶手的两端，如图10-29所示。

使用"文本"工具 ![文本]创建立体文字作为招牌模型，在选字体的时候尽量选择边角卡通且有圆角的字体，再运用立方体和圆柱体创建收银机和饮料模型，这样主建筑就做完了，如图10-30所示。

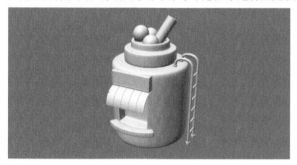
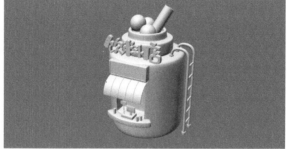

图10-29　　　　　　　　　　　　　图10-30

2.创建建筑配景模型

将可编辑的立方体变形后应用"弯曲"变形器 ![弯曲]弯曲模型，然后添加"克隆"生成器 ![克隆]生成放射状克隆效果，形成盆栽的叶片。变形后的圆柱体模型作为花盆，与之前做好的叶子模型组合形成盆栽，复制之后摆放在建筑的两侧，如图10-31所示。

制作路灯模型时，在梯子扶手的模型基础上加以修改，运用可编辑的圆柱体制作灯罩，灯泡使用半球体，如图10-32所示。

招牌的模型先制作半个，用可编辑立方体修改得到，再运用"对称"生成器 ![对称]得到另一半，如图10-33所示。至此，建筑配景部分就制作完成了。

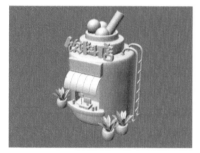
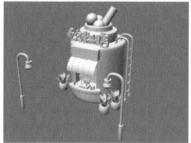
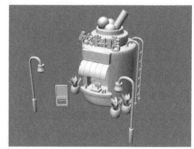

图10-31　　　　　　　　　图10-32　　　　　　　　　图10-33

3.创建地形模型

将不同大小的编辑后的立方体拼合就能形成地形的范围，再复制几个地形放在周围作为未开发的建筑区域，创建地面模型作为整体放在最低处，如图10-34所示。至此，本案例中的所有模型创建完成。

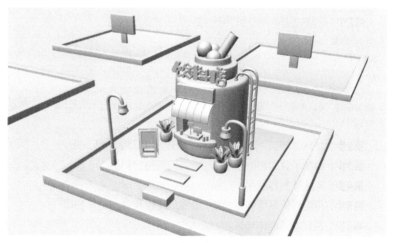

图10-34

4.添加灯光和材质

本案例中灯光和材质不是重点，在实际工作中这一部分都是放在游戏引擎软件中实现的。为了展示案例模型，这里用HDRI材质模拟场景的主光源，再配合灯光产生阴影，如图10-35所示。

场景中的模型主要使用纯色材质，配合部分金属材质，画面整体呈暖色调，配景部分呈冷色调，渲染后的效果如图10-36所示。

图10-35

图10-36

10.3.3 技术汇总与解析

在游戏美术中，Cinema 4D主要承担建模的任务。运用强大的建模组件，可以很快地创建出丰富的游戏场景模型。读者可以参考游戏应用商店中各种游戏的模型进行练习，从而快速提高这一方面的能力。至于角色如何互动的部分，不是Cinema 4D需要处理的。

10.3.4 游戏美术方向实训

案例文件	案例文件>CH10>卡通游戏角色
视频名称	卡通游戏角色.mp4
学习目标	练习游戏角色的制作方法

学习完本节的知识后，下面安排了相应的实训供读者练习。读者可以打开场景文件自行练习，根据自己的想法去发挥，任意处理场景；也可以观看教学视频，参考笔者的制作思路。本实训的参考效果如图10-37所示。

训练思路和要求如下。

第1步： 创建立方体并添加"细分曲面"生成器  转换为球体。

📝 提示 ----------------------------------->

比起"球体"工具 创建的球体模型中存在三角面，用"立方体+细分曲面"可以创建全是四边面的球体，更方便后期对可编辑对象进行操作。

图10-37

第2步： 将球体转换为可编辑对象后制作出头顶和嘴巴部分。

第3步： 绘制手臂和腿的样条，然后与圆环进行扫描。

第4步： 用球体制作手部和脚部。

第5步： 用变形的球体制作眼睛，绘制眉毛路径并与矩形扫描。

第6步： 用立方体制作牙齿。

第7步： 用圆柱体和圆环面模型制作头顶的装饰。

10.4 MG动画方向项目

MG动画是Cinema 4D的应用方向之一。动画可以在软件内单独完成，也可以在Cinema 4D中单独制作元素后在After Effects中合成出完整动画。

10.4.1 MG动画方向的概述

MG动画可以作为短视频的片头，或是网页的过场小动画等。相较于影视包装类动画，MG动画更为简单。

大多数情况下，MG动画的部分元素是在Cinema 4D中制作完成，导入After Effects中进行合成，通过插件制作成动画。Cinema 4D本身也可以制作动画，如果对After Effects不熟悉，可以在Cinema 4D中单独完成动画。Cinema 4D在渲染时相对较慢，不如After Effects中直接生成视频快，在行业内，大多数情况下是与After Effects配合使用。

10.4.2 扁平化数据结构展示

案例文件	案例文件>CH10>扁平化数据结构展示
视频名称	扁平化数据结构展示.mp4
学习目标	掌握MG动画的制作方法

在制作本案例时，需要在Cinema 4D中完成所有模型元素的创建，然后依次为这些元素添加动画关键帧，接着为场景添加材质和灯光并渲染出动画，效果如图10-38所示。

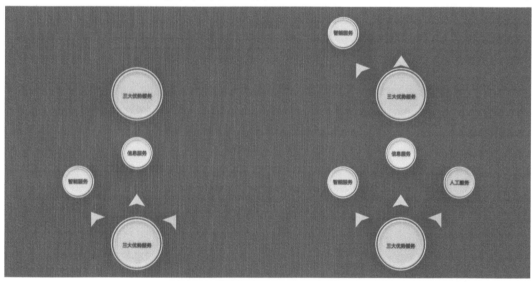

图10-38

1.创建模型元素

本案例中的模型都很简单，通过可编辑对象建模就能制作圆柱状模型，边上的圆环则通过两条圆环样条线扫描生成，箭头是将矩形样条线修改后挤压生成的。将模型成组后再复制3个并缩小，然后摆放为动画最终显示的样子，如图10-39所示。

📝 提示 ------------------------------------->

案例中的文字内容读者可随意设置。

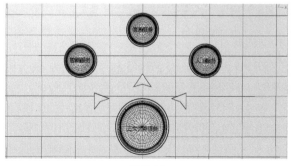

图10-39

2.添加灯光和材质

场景中的主光源为HDRI贴图，形成均匀的自然光照效果，在靠上的位置再添加一个灯光，可以让模型在背景的平面模型上产生投影，增强画面的立体感，如图10-40所示。

场景中的材质除了圆环的自发光外，其余都是基础的纯色材质，整体呈现简洁的质感，如图10-41所示。

图10-40

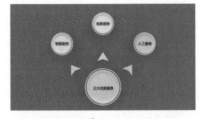

图10-41

3.添加动画

虽然动画部分放在After Effects中制作效果会更加丰富和自然，但很多读者可能对After Effects不太熟悉，因此这部分也在Cinema 4D中制作。

下方的大圆柱模型会形成从镜头外到镜头内移动的动画，如图10-42所示。这是很简单的位移动画，只需要添加位置关键帧即可实现。

图10-42

圆环的动画是通过在"扫描"生成器 ![扫描] 的"结束生长"参数上添加不同参数的关键帧，从而形成旋转一圈的生长动画，如图10-43所示。如果想让动画效果更加丰富，还可以对圆环添加旋转关键帧，形成自身旋转的效果，如图10-44所示。

图10-43

图10-44

文字的关键帧动画是在缩放的x轴上添加关键帧来实现的。如果读者无法通过坐标轴添加关键帧，就需要在文本模型的"坐标"选项卡中添加S.X的关键帧，通过设置不同的参数形成x轴方向的缩放效果，如图10-45所示。动画效果如图10-46所示。

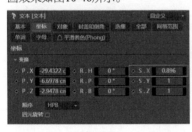

图10-45

图10-46

📝 提示 --- ➤

不同版本的软件在操作上会有一些差异，在2023版本中似乎不能通过坐标轴添加缩放关键帧，只能通过参数制作缩放效果，也可能是软件本身的小问题，读者可根据实际情况灵活选择两种方法。

箭头的动画稍微复杂一点，需要制作箭头的位移动画和显示动画两部分。位移动画很好做，只需要移动坐标控制器的位置，并添加关键帧即可，效果如图10-47所示。在移动箭头时会发现箭头在圆柱体下方时就有部分会显示出来，导致动画看起来不是很美观，因此需要使箭头在完全离开圆柱体后再显示出来。在箭头模型的"基本"选项卡中，添加"视窗可见"和"渲染器可见"参数的关键帧，就能控制箭头显示的时间点，如图10-48所示。

图10-47　　　　　　　　　　　　　　　　　　　　　　图10-48

☑ 提示 -- 〉

切换"开启"和"关闭"状态，就能控制箭头是否显示。

上方3个小圆柱体的动画为缩放动画，圆柱体从无到最大然后逐渐缩小，如图10-49所示。

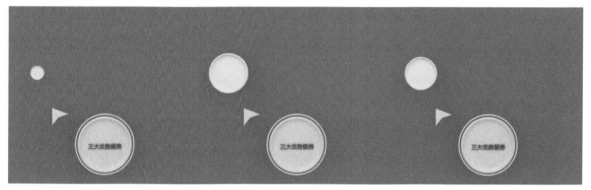

图10-49

其余元素的动画都和之前的动画一致，按照相同的方法制作即可。在上方的3个圆环自身旋转时，可以设定不同的旋转数值，使画面产生不同的效果，如图10-50所示。

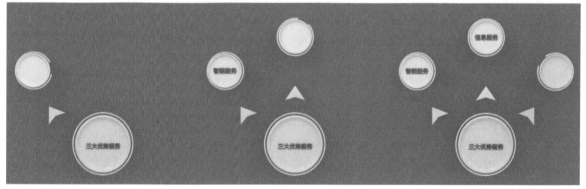

图10-50

动画制作完后调整渲染参数，然后将其渲染为视频。在视频中随意截取4帧，案例最终效果如图10-51所示。

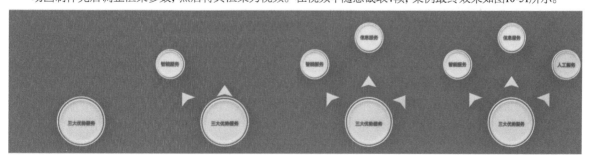

图10-51

10.4.3 技术汇总与解析

上面的案例中运用Cinema 4D完成了整个MG动画的制作。在实际工作中，会将场景中的元素单独渲染，导入After Effects后合成为整个场景。在元素上添加动画效果会更加丰富，利用不同的效果滤镜或表达式，能形成丰富的动画效果。如果利用动画插件则会更加便捷，会省略很多添加关键帧的步骤，只需要调整关键帧的位置。

在Cinema 4D中虽然也能制作动画，但能实现的效果不如After Effects丰富，更重要的是需要逐帧渲染场景。渲染场景会占据绝大部分的时间，不如在After Effects中输出视频快，能实现的视频特效也更少（例如，运用After Effects的插件可以实现逼真的自发光效果）。若读者想从事MG动画方向的工作，建议在学习Cinema 4D的同时学习After Effects的一些相关知识。

10.4.4 MG动画方向实训

案例文件	案例文件>CH10>进度条加载动画
视频名称	进度条加载动画.mp4
学习目标	掌握视频渲染参数的设置方法

学习完本节的知识后，下面安排了相应的实训供读者练习。读者可以打开场景文件自行练习，根据自己的想法去发挥，任意处理场景；也可以观看教学视频，参考笔者的制作思路。本实训的参考效果如图10-52所示。

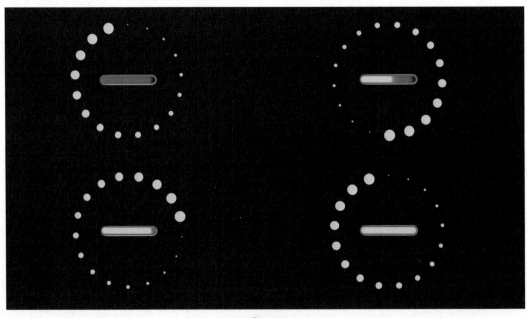

图10-52

训练思路和要求如下。

第1步： 创建球体模型并添加"克隆"生成器 形成放射状效果。

第2步： 在"克隆"生成器 中添加"步幅"效果器 ，让小球有由小到大的变化。

第3步： 给克隆的小球添加旋转关键帧。

第4步： 创建矩形样条线并添加"挤压"生成器 制作进度条边框，转换为可编辑对象并调整结构，然后添加"细分曲面"生成器 使模型变得圆滑。

第5步： 创建胶囊模型作为进度条，并添加x轴的缩放关键帧。

第6步： 添加灯光和材质，然后渲染为视频。

📋 提示 --- ⟩

本案例的场景中没有添加背景模型，渲染时默认为纯黑色，这样方便在后期软件中合成时抠掉背景。